21 世纪普通高等教育基础课系列教材

大学物理（下）

主　编　陈　晨　张　博

副主编　张土前　高　姗　于　琪　邵雅斌

参　编　曲　阳　郝素红　郭庆华　唐　硕

机械工业出版社

本书在满足工科专业中少学时大学物理课程教学基本要求下，以少而精的理念进行取材和编排章节内容，着重基本内容的掌握和应用，注重理论与实践的紧密结合，突出内容的实用性。

本书面向培养应用型人才的高等院校，可作为这些院校工科专业的大学物理课程教材。全套书分上、下两册，上册包括质点运动学、质点动力学、刚体力学、静电场、恒定磁场、磁场中的磁介质及电磁感应等内容；本书为下册，包括气体动理论、热力学基础、振动与波动、电磁波理论、光学（光的干涉、衍射、偏振）、相对论及量子物理学基础等内容。

图书在版编目（CIP）数据

大学物理. 下/陈晨，张博主编. —北京：机械工业出版社，2021.8
21 世纪普通高等教育基础课系列教材
ISBN 978-7-111-68065-9

Ⅰ. ①大… Ⅱ. ①陈… ②张… Ⅲ. ①物理学-高等学校-教材 Ⅳ. ①O4

中国版本图书馆 CIP 数据核字（2021）第 073834 号

机械工业出版社（北京市百万庄大街 22 号 邮政编码 100037）
策划编辑：张金奎 责任编辑：张金奎
责任校对：樊钟英 封面设计：张 静
责任印制：单爱军
北京虎彩文化传播有限公司印刷
2021 年 8 月第 1 版第 1 次印刷
184mm×260mm · 11 印张 · 271 千字
标准书号：ISBN 978-7-111-68065-9
定价：33.00 元

电话服务 网络服务
客服电话：010-88361066 机 工 官 网：www.cmpbook.com
　　　　　010-88379833 机 工 官 博：weibo.com/cmp1952
　　　　　010-68326294 金 书 网：www.golden-book.com
封底无防伪标均为盗版 机工教育服务网：www.cmpedu.com

前　言

　　"大学物理"是一门重要的通识性基础课程，在为学生系统地打好必要的物理基础、培养学生分析问题和解决问题的能力、增强学生的探索精神和创新意识等方面具有不可替代的作用。本书面向培养应用型人才的高等院校，可作为机械设计制造及其自动化、土木工程、电气控制、航空航天等工科专业的大学物理课程教材。全套书共16章，分上、下两册，上册内容包括力学和电磁学，下册内容包括热物理学、振动与波动、光学及近代物理学。

　　本套书在编写中，综合考虑应用型人才的培养目标、大学物理学时普遍减少等因素，在满足工科专业中少学时大学物理课程基本要求下，以少而精的理念进行取材和编排章节内容，着重基本内容的掌握和应用，注重理论与实践的紧密结合，突出内容的实用性。

　　上册由张博、邵雅斌任主编，王萌、陈晨、李想、高辉任副主编。具体编写分工如下：第1章由黑龙江东方学院张博编写，第2章由黑龙江东方学院王萌编写，第3章由黑龙江东方学院孟凡荣、黑龙江东方学院桑振远、黑龙江东方学院尹婧编写，第4章由黑龙江东方学院陈晨编写，第5章由黑龙江东方学院邵雅斌编写，第6章由黑龙江东方学院唐硕、黑龙江工程学院李想编写，第7章由黑龙江东方学院邵雅斌、哈尔滨石油学院高辉编写。

　　下册由陈晨、张博任主编，张土前、高姗、于琪、邵雅斌任副主编。具体编写分工如下：第8章由哈尔滨剑桥学院高姗编写，第9章由哈尔滨剑桥学院于琪编写，第10章由黑龙江东方学院唐硕、新疆农业大学张土前编写，第11章由黑龙江东方学院邵雅斌编写，第12章由哈尔滨石油学院曲阳编写，第13章由黑龙江东方学院陈晨编写，第14章由黑龙江东方学院陈晨、黑龙江东方学院邵雅斌编写，第15章由黑龙江东方学院张博编写，第16章由黑龙江东方学院郝素红、黑龙江东方学院郭庆华编写。

　　由于编者水平有限，书中难免有疏漏和不足之处，敬请广大读者批评指正。

编　者

2021年2月

目 录

第8章

气体动理论

热学研究的对象都是由大量分子组成的实体物体，在热学中通常称为热力学系统。要研究一个系统的性质及其变化规律，首先需要对系统状态加以描述，热学中对系统状态的描述有两种方法。一种是对系统的状态从整体上加以描述的方法，叫作宏观描述。这些用来表征系统状态和属性的物理量叫作宏观量，如压强、体积和温度等。宏观量是可以直接测量的，此种描述方法又称实验法。另一种是对组成系统的每个分子加以描述的方法，叫作微观描述。用来表征分子属性和运动状态的物理量叫作微观量，如分子的质量、速度和动能等。这些量一般是不可测量的，此种方法又称统计法。宏观描述与微观描述是对同一系统的两种不同描述方法，因此它们之间有着内在联系。

8.1 气体动理论的基本概念

8.1.1 气体分子在做永不停息的无规则运动

分子太小，我们无法用肉眼直接看到他们的运动情况，但一些日常经验和实验事实都能使我们间接地认识到分子在不停地做无规则运动。在气体、液体和固体中发生的扩散现象，说明一切物体的分子都在不停地运动着。说明分子无规则运动最有力的实验是布朗运动实验。

8.1.2 分子间相互作用力

分子之间的相互作用力叫作分子力。分子力的大小和正负（斥力和引力）取决于分子之间的距离。根据近代研究结果知道，分子之间同时存在着斥力和引力，分子力就是引力和斥力的合力。如图 8-1 所示为斥力和引力的合力 f 随分子间距离 r 的变化情况。在一定距离 $r(=r_0)$ 处斥力和引力相互抵消，合力为零，这个位置叫作平衡位量。

理论计算表明，常温下气体分子热运动的平均速率是非常大的，约为每秒几百米的数量级。以此推算，气体的扩散速率应该是很大的。然而事实并非如此，这是什么原因呢？原来气体分子在无规热运动中彼此要碰

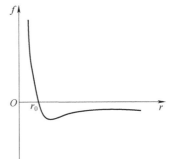

图 8-1 合力 f 随分子间距离 r 的变化

撞，就单个分子而言，它是沿着迂回折线运动的，而且其路径通常是很复杂的，碰撞具有随机性，这给我们定量研究单个分子的行为带来了一定困难。但有一点可以肯定，就是在碰撞中它们仍然按动量守恒定律和能量守恒定律进行动量和能量的交换和传递。

8.1.3　分子热运动的统计规律

为了形象地说明统计规律的特征，先来介绍如图 8-2 所示的伽耳顿板实验。在一块直立的木板上部有规则地钉上许多铁钉，把木板下部用竖直的薄板隔成许多等宽度的狭槽。然后用透明板封盖，在顶端中央装一漏斗状入口。实验时，先将一小球投入漏斗，小球在下落过程中多次与铁钉碰撞，最后落入哪个狭槽中具有偶然性，是无法预测的。若取少量小球投入漏斗，小球在下落过程中，除了与铁钉碰撞外，小球之间也要相互碰撞，最后落入各个狭槽中，形成一种分布。重复几次同样的实验，发现小球按狭槽的分布也是不确定的，仍带有明显的偶然性。但是，如果把大量小球投入漏斗，就会发现落入中央狭槽中的小球占小球总数的百分比最大，落入两侧狭槽的小球数的百分比则逐次减小。重复几次同样的实验，可以看到小球按狭槽的分布规律趋于稳定。

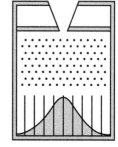

图 8-2　伽耳顿板实验

单个小球落入哪个狭槽，是无法预测的偶然事件；少量小球按狭槽的分布，也表现出一定的偶然性；只有大量小球按狭槽的分布才呈现出确定的规律性，而且小球数量越大，这个分布规律越稳定。这种大量偶然事件的总体所呈现出的规律性称为**统计规律**。

热现象是大量分子热运动的集体表现。对单个分子来说，由于频繁地碰撞，运动瞬息万变，偶然性占主导地位，但对大量分子的整体来看，却表现出确定的规律性。例如，气体处于平衡态且无外场作用时，单个分子某时刻向哪个方向运动，完全是偶然的；但对大量分子整体而言，平均看来沿各个方向运动的分子数相等，不存在任何一个特殊的方向，气体分子沿这个方向的运动比其他方向更占优势，这就是一个统计的规律。

8.2　理想气体模型和状态方程

8.2.1　平衡态

为了研究问题方便，我们根据系统与外界的相互关系，将系统分成三类：孤立系、闭系和开系。不受外界影响的系统叫作**孤立系**。严格说来，任何系统都要受到外界影响，自然界并不存在真正的孤立系。然而在一段时间内，当系统所受的外界作用的影响很小时，就可以近似把它看作孤立系。当系统被封闭容器与外界隔离开来时，它与外界便没有物质交换，然而由于容器壁可以移动或传热，从而使系统与外界之间产生能量交换（做功或传热），这种系统叫作**闭系**。与外界既有能量交换又有物质交换的系统叫作**开系**。

对于普遍的热力学系统来说，**平衡态**是指系统的这样一种状态：在没有外界影响的条件下，系统的宏观性质不随时间变化。这里所说的没有外界影响，是指系统与外界不通过做功或传热交换能量。由于实际上并不存在完全不受外界影响并且宏观性质绝对保持不变的系统，所以平衡态只是一个理想化的概念，它是在一定条件下对实际情况的抽象和概括。处于平衡态的系统，一切描述其宏观性质的参量在空间均匀分布，且没有宏观的粒子流动及能量流动。但是从微观上讲，组成系统的微观粒子仍在不停地做无规运动，因此热力学平衡态是热动平衡。系统在外界作用下，也可以达到一个宏观性质不随时间变化的状态，这种状态称为定常态。定常态是一种稳定的非平衡态，处于定常态的系统，内部存在着恒定的粒子流动或能量流动。例如，将一根金属棒的两端分别与两个温度保持恒定的热源接触，经过足够长的时间后，在金属棒上会建立稳定的温度分布，宏观性质不再变化，这是一种定常态，而不是平衡态，因为系统通过传热与外界交换了能量。

只有处于平衡态的热力学系统的各种宏观量才具有确定的值。我们把一组能够完备地描述系统平衡态的宏观量称为状态参量。常用的状态参量有以下几类：几何参量（如体积），力学参量（如气体的压强、密度等），电磁参量（如电场强度、磁场强度等），化学参量（如物质的量）。但所有这些参量都不能用来描述热平衡，为了描述热平衡，必须引入温度的概念。系统 A、B、C 共同组成一个孤立系，A 和 B 间用绝热隔板隔开，而 A、C 及 B、C 之间可以进行热交换。经过足够长的时间后，A 和 C 以及 B 和 C 分别达到热平衡，实验发现这时 A 和 B 也处于热平衡。这就意味着，分别与第三个系统达到热平衡的两个系统也处于热平衡，这个规律叫作**热力学第零定律**。热力学第零定律表明，处于同一平衡态的所有热力学系统都具有共同的宏观性质，我们定义这个表征系统热平衡的宏观性质**为温度**。温度相等是热平衡的充分必要条件，因此将温度作为描述热力学系统的一个宏观量。

8.2.2　状态方程

在质点力学中，一个质点的运动状态是由质点的位置矢量和速度矢量来描述的，这些物理量叫质点的状态参量。对于一个气体系统来说，也可以用一组物理量来描述它所处的平衡态，这种描述系统状态的宏观变量，称为**气体状态参量**。

（1）系统的体积 V，表示系统中气体分子所能达到的空间的体积，而不是系统中分子体的总和。

（2）系统的压强 p，表示气体作用于容器器壁单位面积上的垂直压力的大小。

（3）系统的温度 T，微观上反映了系统中分子热运动的强弱程度，宏观上表示系统的冷热程度。对温度的分度方法所做的规定称为温标，国际上规定热力学温标为基本温标，用 T 表示。摄氏温标用 t 表示，它与热力学温标的数值关系为

$$t = T - 273.15 \qquad (8-1)$$

气体处在平衡态时，状态参量（p，V，T）不随时间变化。从宏观角度看，当实际气体的压强不太大、温度不太低，也就是气体比较稀薄时，其状态参量都近似地遵守克拉伯龙方程

$$pV = \frac{m}{M}RT \qquad (8-2)$$

式中，m 为气体质量；M 为气体摩尔质量；R 为摩尔气体常数，$R = 8.31\mathrm{J} \cdot \mathrm{mol}^{-1} \cdot \mathrm{K}^{-1}$。严格遵守上式的气体称为理想气体。式（8-2）称为**理想气体的状态方程**。

从微观角度看，由于气体分子本身很小，而其间距很大，对理想气体我们可以建立如下的微观模型：第一，不考虑分子的内部结构并忽略其大小，把分子视为有质量的点；第二，由于分子力作用范围很小，可以认为分子之间除了碰撞外相互作用力可以忽略不计，在两次

碰撞之间，分子的运动是自由的；第三，分子与分子之间及分子与器壁之间的碰撞是完全弹性的，分子的能量不因碰撞而损失。也就是说，理想气体可以看成是由大量的、大小可以忽略的、自由运动的弹性小球的集合。这是一个理想化的微观模型，它只是在压强不太大、温度不太低时与真实气体的性质非常接近。

例 8-1 某种柴油机的气缸容积为 $0.827 \times 10^{-3} \mathrm{m}^3$，设压缩前其中空气的温度是 47℃，压强为 $8.5 \times 10^4 \mathrm{Pa}$。当活塞急剧上升时，可把空气压缩到原体积的 $\dfrac{1}{17}$，使压强增加到 $4.2 \times 10^6 \mathrm{Pa}$，求这时空气的温度。如把柴油喷入气缸，将会发生怎样的情况？（假设空气可看作理想气体）

解： 本题只需考虑空气的初状态和末状态，并且把空气作为理想气体。因此有

$$\frac{p_1 V_1}{T_1} = \frac{p_2 V_2}{T_2}$$

已知 $p_1 = 8.5 \times 10^4 \mathrm{Pa}$，$p_2 = 4.2 \times 10^6 \mathrm{Pa}$，$T_1 = 273\mathrm{K} + 47\mathrm{K} = 320\mathrm{K}$，$\dfrac{V_2}{V_1} = \dfrac{1}{17}$，所以

$$T_2 = \frac{p_2 V_2}{p_1 V_1} T_1 = 930\mathrm{K}$$

这一温度已超过柴油的燃点，所以柴油喷入气缸时就会立即燃烧，发生爆炸，推动活塞做功。

例 8-2 容器内装有氧气，其质量为 0.10kg，压强为 $10 \times 10^5 \mathrm{Pa}$，温度为 47℃。因为容器漏气，经过若干时间后，压强降到原来的 5/8，温度降到 27℃。问：（1）容器的容积有多大？（2）漏去了多少氧气？（假设氧气可看作理想气体）

解：（1）根据理想气体状态方程 $pV = \dfrac{m}{M} RT$，求得容器的容积为

$$V = \frac{mRT}{Mp} = 8.31 \times 10^{-3} \mathrm{m}^3$$

（2）设漏气若干时间之后，压强减小到 p'，温度降到 T。如果用 m' 表示容器中剩余的氧气的质量，从状态方程求得

$$m' = \frac{Mp'V}{RT'} = 6.67 \times 10^{-2} \mathrm{kg}$$

所以漏去的氧气的质量为

$$\Delta m = m - m' = 3.33 \times 10^{-2} \mathrm{kg}$$

8.3 理想气体的压强和温度公式

容器中一定质量的气体处于平衡态时，宏观上具有一定的压强和温度。从分子运动的观点来看，气体的压强和温度是如何形成的呢？下面从理想气体的微观模型出发，提出一些统计假设，利用统计方法求出宏观量与相关的微观量统计平均值之间的关系，从而阐明压强和温度的微观本质和统计意义。

8.3.1 理想气体压强公式推导

由于构成气体的大量的分子每时每刻都在做无规则热运动，因而它们将不断地与器壁碰撞，碰撞中给器壁以冲力的作用。就某一个分子而言，它与器壁的碰撞是断续的，而且它每次碰在什么地方、给器壁多大的冲量都是随机的。但是，对于大量的分子来说，在很短的时间内都有许多分子与器壁相撞，所以在宏观上就表现为恒定持续的压强。这和雨点打在雨伞上的情形很相似：各个雨点落在雨伞上是断续的，大量密集的雨点落到雨伞上就使我们感觉到一个均匀的持续的压力。

设有一任意形状的容器，体积为 V，其内贮有一定量的某种理想气体，气体分子数为 N、分子质量为 m_0。当气体处于平衡态时，气体分子数密度 n 及容器上的压强 p 均处处相等。因此，只需计算器壁上任一小面积上的压强就可以了。

取坐标系 $Oxyz$，在垂直 x 轴的器壁上任取面积元 dS，如图 8-3 所示。设一分子以速度 v_i（v_{ix}，v_{iy}，v_{iz}）与 dS 做完全弹性碰撞。碰撞前后，v_{iy}、v_{iz} 两个分量没有变化，只有 v_{ix} 变为 $-v_{ix}$。在这一次碰撞过程中，分子动量的增量为 $-2m_0v_{ix}$。根据质点的动量定理，器壁给予分子的冲量等于分子动量的增量 $-2m_0v_{ix}$。由牛顿第三定律知，该分子给予器壁的冲量为 $2m_0v_{ix}$。

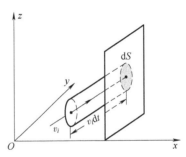

图 8-3 分子以速度 v_i 与 dS 做完全弹性碰撞

下面求在 dt 时间内，容器内所有速度为 v_i 的分子与 dS 碰撞的结果。为此，我们以 dS 为底，以 v_i 为轴线、$v_{ix}dt$ 为高作一斜柱体，见图 8-3。该斜柱体的体积为 $dV_i = v_{ix}dSdt$。在 dt 时间内，斜柱体内所有速度为 v_i 的分子都将与 dS 发生碰撞。设容器单位体积内速度为 v_i 的分子数为 n_i，则在 dt 时间内，与 dS 碰撞的分子数为

$$\Delta n_i = n_i v_{ix} dSdt \tag{8-3}$$

这些分子对 dS 的冲量为

$$dI_i = \Delta n_i \cdot 2m_0 v_{ix} = 2n_i m_0 v_{ix}^2 dSdt \tag{8-4}$$

除了速度为 v_i 的分子外，具有其他速度的分子也会与 dS 相碰撞，所以应把 dI_i 对所有可能与 dS 碰撞的分子的速度求和。由于分子沿各个方向运动的机会均等，所以 $v_{ix} > 0$ 与 $v_{ix} < 0$ 的分子数是相同的，因而

$$dI = \frac{1}{2} \sum_i dI_i = \sum_i m_0 n_i v_{ix}^2 dSdt \tag{8-5}$$

所有分子对 dS 的冲力为

$$F = \frac{dI}{dt} = \sum_i m_0 n_i v_{ix}^2 dS \tag{8-6}$$

气体对器壁的压强为

$$p = \frac{F}{dS} = m_0 \sum n_i v_{ix}^2 \tag{8-7}$$

根据统计平均值的定义，x 方向上的速度分量的平方的平均值为

$$\overline{v_x^2} = \frac{\sum_i \Delta N_i v_{ix}^2}{N} = \frac{\sum_i n_i v_{ix}^2}{n} \tag{8-8}$$

所以有

$$\sum_i n_i v_{ix}^2 = n\overline{v_x^2} \tag{8-9}$$

代入式（8-7）得

$$p = m_0 n \overline{v_x^2} \tag{8-10}$$

由于 $\overline{v_x^2} = \frac{1}{3}\overline{v^2}$，因此

$$p = \frac{1}{3}nm_0\overline{v^2} \tag{8-11}$$

式（8-11）可写作

$$p = \frac{2}{3}n\left(\frac{1}{2}m_0\overline{v^2}\right) = \frac{2}{3}n\overline{\varepsilon_k} \tag{8-12}$$

式中，$\overline{\varepsilon_k} = \frac{1}{2}m\overline{v^2}$ 称为分子的平均平动动能。式（8-11）称为**在平衡态下理想气体的压强公式**。它表明：理想气体的压强是由大量分子的两个统计平均值所决定的。因此，压强具有统计平均意义，是大量分子对器壁碰撞的平均效果。

理想气体压强公式是气体动理论的基本公式之一，它将宏观量与微观量的统计平均值联系起来，从而揭示了压强的微观本质和统计意义。当分子数密度 n 增大时，气体单位时间内对单位面积器壁的碰撞次数增大。当分子的平均平动动能增加时，分子热运动加剧，不但气体分子单位时间内对单位面积器壁的碰撞次数增多，而且每次碰撞给予器壁的冲量也要增大，因此都会使气体的压强增大。

8.3.2　温度的本质和统计意义

通常用温度来表示物体冷热程度，冷的物体温度低，热的物体温度高，这种定义温度的方法是粗略的。因此必须对温度的概念赋予客观的科学意义。取两个原来各处在一定平衡态的热力学系统，使它们热接触。一般情况下，热接触后两个系统的状态都将发生变化，但经过一段时间以后，两个系统的状态便不再发生变化。这表明这两个系统各自处于新的平衡态，而且两系统之间也达到了某种平衡。这种平衡叫作**热平衡**。

由热力学第一定律可知，任何处于热平衡的两个热力学系统都具有一个共同的宏观性质，我们把表征这种宏观性质的物理量称为温度，即温度是决定一系统是否与其他系统处于热平衡的物理量。它们的特征是一切互为热平衡的系统都具有相同的温度。

根据理想气体的压强公式和状态方程，可以导出气体的温度与分子平均平动动能之间的关系。

状态方程为

$$pV = \frac{m}{M}RT$$

即

$$p = \frac{N}{V} \cdot \frac{R}{N_A} \cdot T = nkT \tag{8-13}$$

式中，N 为气体分子总数；N_A 为阿伏伽德罗常量；n 为单位体积内的分子数。引入另一常量 k，称为玻耳兹曼常量，其表示为 $k = \dfrac{R}{N_A} = 1.38 \times 10^{-23} \mathrm{J \cdot K^{-1}}$，式（8-13）为另一种形式的理想气体状态方程。

式（8-12）与式（8-13）联立消去压强 p，可得

$$\overline{\varepsilon_k} = \frac{3}{2} kT \tag{8-14}$$

这说明，气体分子的平均平动动能只与温度有关，并与热力学温度成正比。

由式（8-14）可知：温度是气体内部分子无规则运动强弱程度的标志，温度越高，分子热运动越强烈。同时表明：温度是大量分子热运动的集体表现，因而具有统计意义，对单个分子而言，热运动和平均动能失去了意义，温度也就没有了意义。

例 8-3　体积 V 为 $1.0 \times 10^{-3} \mathrm{m^3}$ 的容器内，贮有某种理想气体，分子总数 N 为 1.0×10^{23} 个，分子质量 m_0 为 $5 \times 10^{-26} \mathrm{kg}$，分子方均速率 $\overline{v^2}$ 为 $1.6 \times 10^5 \mathrm{m^2 \cdot s^{-2}}$。试求：（1）气体的压强和温度；（2）气体分子的总平均平动动能。

解：（1）根据理想气体的压强公式，气体的压强为

$$p = \frac{2}{3} n \overline{\varepsilon_k} = \frac{2}{3} \cdot \frac{N}{V} \cdot \left(\frac{1}{2} m_0 \overline{v^2} \right)$$

$$= \left(\frac{2}{3} \times \frac{1.0 \times 10^{23}}{1.0 \times 10^{-3}} \times \frac{1}{2} \times 5 \times 10^{-26} \times 1.6 \times 10^5 \right) \mathrm{Pa}$$

$$= 2.67 \times 10^5 \mathrm{Pa}$$

由理想气体状态方程，得气体的温度

$$T = \frac{pVN_A}{NR} = \frac{2.67 \times 10^5 \times 1.0 \times 10^{-3} \times 6.02 \times 10^{23}}{1.0 \times 10^{23} \times 8.31} \mathrm{K} \approx 193 \mathrm{K}$$

（2）气体分子的总平均平动动能

$$\overline{E_k} = N \overline{\varepsilon_k} = N \cdot \frac{1}{2} \mu \overline{v^2}$$

$$= \left(1.0 \times 10^{23} \times \frac{1}{2} \times 5 \times 10^{-26} \times 1.6 \times 10^5 \right) \mathrm{J} = 400 \mathrm{J}$$

例 8-4　求标准状态下氮气的密度及 N_2 分子的平均平动动能。

解：密度表示单位体积的质量，它等于分子数密度 n 与单个分子质量 m 的乘积，即

$$\rho = m_0 n$$

根据理想气体状态方程得

$$n = \frac{p}{kT}$$

从上面两式中消去 n，可得

$$\rho = \frac{p m_0}{kT} = \frac{pM}{RT} = \frac{1.013 \times 10^5 \times 28 \times 10^{-3}}{8.31 \times 273.15} \mathrm{kg \cdot m^{-3}} \approx 1.25 \mathrm{kg \cdot m^{-3}}$$

每个氮气分子的平均平动动能为

$$\frac{1}{2}m_0\overline{v^2} = \frac{3}{2}kT = \frac{3}{2} \times (1.38 \times 10^{-23} \times 273.15)\text{J} \approx 5.65 \times 10^{-21}\text{J}$$

8.4 能量均分定理 理想气体的内能

8.4.1 分子的自由度

在研究大量气体分子的无规则运动时，只考虑了每个分子的平动。实际上，气体分子具有一定的大小和比较复杂的结构，不能看作质点。因此，分子的运动不仅有平动，还有转动与分子内原子间的振动。分子热运动的能量应将这些运动的能量都包括在内。这样，在我们提出的理想气体微观模型中就要把分子看作有形状、有大小的质点。为了说明分子无规则运动的能量所遵从的统计规律，并在这个基础上计算理想气体的内能，我们将借助于力学中自由度的概念。

现在根据力学中的概念来讨论分子的自由度数。气体分子的情况比较复杂。按分子的结构，气体分子可以是单原子的、双原子的、三原子的或多原子的。由于原子很小，单原子的分子可以看作一质点。又因气体分子不可能限制在一个固定轨迹或固定曲面上运动，因此单原子气体分子有 3 个自由度。在双原子分子中，如果原子间的相对位置保持不变，那么，该分子就可看作由保持一定距离的两个质点组成。由于质心的位置需要用 3 个独立坐标确定，连线的方位需用 2 个独立坐标确定，而两质点以连线为轴的转动又可不计，所以，双原子气体分子共有 5 个自由度，其中 3 个平动自由度、2 个转动自由度。在 3 个及 3 个以上原子的多原子分子中，如果这些原子之间的相对位置不变，则整个分子就是个自由刚体，它共有 6 个自由度，其中 3 个属于平动自由度，3 个属于转动自由度。事实上，双原子或多原子的气体分子一般不是完全刚性的，原子间的距离在原子间的相互作用下要发生变化，分子内部要出现振动。因此，除平动自由度和转动自由度外，还有振动自由度。但在常温下，大多数分子的振动自由度可以不予考虑。

8.4.2 能量按自由度均分定理

我们知道，理想气体的平均平动动能与温度的关系为

$$\overline{\varepsilon_k} = \frac{1}{2}m_0\overline{v^2} = \frac{3}{2}kT$$

其中气体的平动动能可表示为

$$\frac{1}{2}m_0\overline{v^2} = \frac{1}{2}m_0\overline{v_x^2} + \frac{1}{2}m_0\overline{v_y^2} + \frac{1}{2}m_0\overline{v_z^2}$$

气体处于平衡态时

$$\overline{v_x^2} = \overline{v_y^2} = \overline{v_z^2}$$

所以

$$\frac{1}{2}m_0\overline{v_x^2} = \frac{1}{2}m_0\overline{v_y^2} = \frac{1}{2}m_0\overline{v_z^2} = \frac{1}{3}\cdot\frac{1}{2}m_0\overline{v^2} = \frac{1}{2}kT \tag{8-15}$$

式（8-15）表明，分子沿 x、y、z 三个方向运动的平均平动动能相等。由于三个坐标对应着三个平动自由度，因此，分子的平均平动动能 $\frac{3}{2}kT$ 被平均地分配在每一个平动自由度上，每个自由度上平均分配的能量均为 $\frac{1}{2}kT$。

将以上结论推广到分子运动的转动和振动自由度，于是得到：在平衡态下，气体分子的每一个自由度上都分配有相等的平均动能，其值为 $\frac{1}{2}kT$。这称为**能量按自由度均分定理**，简称能量均分定理。

8.4.3　理想气体的内能

系统内所有分子的各种运动方式的动能（包括平动动能、转动动能和振动动能）、分子内部原子的振动动能，以及分子之间与分子力有关的势能的总和，就是气体系统的内能。但是对于理想气体，分子之间无分子力作用，所以系统的内能只是分子的各种动能和分子内原子间振动势能的总和。

如果某理想气体的质量为 m，摩尔质量为 M，则理想气体系统的内能可以表示为

$$E = N\overline{\varepsilon}_{总} = \frac{m}{M}N_A\frac{i}{2}kT = \frac{m}{M}\frac{i}{2}RT \tag{8-16}$$

式（8-16）表明：**一定量的理想气体的内能，只取决于分子的自由度和系统的温度，与系统的体积和压强无关。**

例 8-5　在室温下（$-10\sim40℃$）氧气可看作理想气体，氧气分子可看作双原子刚性分子。求：（1）在 $T=300\mathrm{K}$ 时，氧气的摩尔内能；（2）在 $T=300\mathrm{K}$ 时，5kg 氧气的内能。

解：根据题意，氧气分子由三个平动自由度和两个转动自由度，由于分子是刚性的，所以无振动自由度，即 $i=5$，有

$$E = \frac{5}{2}RT = \frac{5}{2}\times8.314\mathrm{J\cdot mol^{-1}\cdot K^{-1}}\times300\mathrm{K}\approx6.24\times10^3\mathrm{J\cdot mol^{-1}}$$

$$E = \frac{5}{2}\nu RT = \frac{5\mathrm{kg}}{0.032\mathrm{kg\cdot mol^{-1}}}\times6.24\times10^3\mathrm{J\cdot mol^{-1}} = 9.75\times10^5\mathrm{J}$$

8.5　气体分子的速率分布律

8.5.1　速率分布函数

气体分子热运动速度的变化是随机的，如果在某一时刻去观察某个分子，它具有什么样的速度是无法预测的，完全是偶然。但大量分子整体的速度却遵从一定的统计分布规律。

为了描述气体分子按速率的分布，将分子所具有的各种可能的速率分成许多相等的区间。设一定量的气体处于平衡态，总分子数为 N，其中速率在 $v\sim v+\Delta v$ 区间内的分子数为 ΔN，$\frac{\Delta N}{N}$ 等表示分布在这一区间内的分子数占总分子数的百分比，也就是分子速率处于该区

间内的概率。显然，$\dfrac{\Delta N}{N}$ 不仅与 ΔN 有关，而且与这个速率区间 Δv 在哪个速率 v 附近有关。在给定的速率 v 附近，所取的区间 Δv 越大，则分布在这个区间内的分子数 ΔN 就越大，分子在这一区间内的分子数占总分子数的百分比也就越大。当 Δv 取得足够小时，则速率分布在 $v \sim v+\mathrm{d}v$ 区间内的分子数 $\mathrm{d}N$，占总分子数的百分比 $\dfrac{\mathrm{d}N}{N}$ 应与 $\mathrm{d}v$ 成正比，还与速率的某一函数 $f(v)$ 有关，即

$$\frac{\mathrm{d}N}{N} = f(v)\,\mathrm{d}v \tag{8-17}$$

$f(v)$ 为速率分布函数，其物理意义为：分布在速率 v 附近单位速率区间内的分子数占总分子数的百分比，或者说分子速率分布在速率 v 附近单位速率区间内的概率。

8.5.2 麦克斯韦速率分布律

研究气体分子速率的分布情况，需要把速率按其大小分成若干相等的间隔。我们要知道，气体在平衡状态下，分布在各个间隔之内的分子数各占气体分子总数的百分率为多少，以及大部分分子的速率分布在哪个间隔之内等等。要知道气体分子的速率分布函数 $f(v)$，设气体分子总数为 N，速率在 v 与 $v+\Delta v$ 间隔内的分子数为 ΔN，则按定义 $f(v) = \dfrac{\Delta N}{N \Delta v}$ 为在速率 v 附近单位速率间隔内气体分子数所占的百分率。对单个分子来说，它表示分子具有速率在该单位速率间隔内的概率。麦克斯韦经过理论研究，指出在平衡状态中气体分子速率分布函数的具体形式是

$$f(v) = 4\pi \left(\frac{m_0}{2\pi kT} \right)^{\frac{3}{2}} \mathrm{e}^{-\frac{m_0 v^2}{2kT}} v^2 \tag{8-18}$$

上式的 $f(v)$ 叫作**麦克斯韦速率分布函数**，m_0 为分子质量。表示速率分布函数的曲线叫作麦克斯韦速率分布曲线，如图 8-4 所示。

从图 8-4a 中可以看出，深色的小长方形的面积为

$$f(v)\,\Delta v = \frac{\Delta N}{N \Delta v} \Delta v = \frac{\Delta N}{N}$$

表示某分子的速率在间隔 $v \sim v+\Delta v$ 内的概率，也表示在该间隔内的分子数占总分子数的百分率。在不同的间隔内，有不同面积的小长方形，说明不同间隔内的分布百分率不相同。面积越大，表示分子具有该间隔内的速率值的概率也越大。当 Δv 足够微小时，无数矩形的面积总和将渐近于曲线下的面积，这个面积表示分子在整个速率间隔的概率的总和，按归一化条件，应等于 1。用公式表示就是

$$\int_0^\infty f(v)\,\mathrm{d}v = 1$$

从速率分布曲线我们还可以知道，具有很大速率或很小速率的分子数较少，其百分率较低，而具有中等速率的分子数很多，百分率很高。值得我们注意的是曲线上有一个最大值，与这个最大值相应的速率值 v_p，叫作最概然速率。它的物理意义是，在一定温度下，速度大小与 v_p 相近的气体分子的百分率为最大，也就是，以相同速率间隔来说，气体分子中速度

大小在 v_p 附近的概率为最大。除了方均根速率和最概然速率以外，还有一个有关气体分子速率的平均值——平均速率，即分子速率大小的算术平均值（用 $\bar{v}$ 表示），也是十分有用的。图 8-4b 显示出了最概然速率、方均根速率和平均速率。

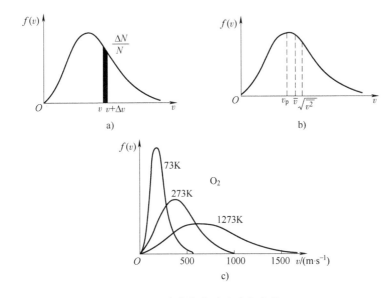

图 8-4　麦克斯韦速率分布曲线

a）某一温度下速率分布曲线　b）某一温度下分子速率的 3 个统计值　c）不同温度下的分子速率分布曲线

不同温度下的分子速率分布曲线如图 8-4c 所示。当温度升高时，气体分子的速率普遍增大，速率分布曲线上的最大值也向量值增大的方向迁移，亦即最概然速率增大了；但因曲线下的总面积，即分子数的百分数的总和是不变的，因此分布曲线在宽度增大的同时，高度降低，整个曲线将变得"较平坦些"。

通过图 8-4c 中几条分布曲线形状的比较，可以看出分子速率分布的无序性在随温度而变化。当温度较低时，最概然速率较小，曲线形状较窄，这表明大多数分子的速率是相近的，分子的速率分布比较集中，无序性较小。当温度增加时，最概然速率变大，分布曲线变宽，分子速率分布比较分散，无序性随之增加。最概然速率的大小反映了速率分布无序性的大小。因此，最概然速率常被用来反映分子速率分布的概况。

例 8-6　计算气体分子热运动速率的大小介于 $v_p - \dfrac{v_p}{100}$ 和 $v_p + \dfrac{v_p}{100}$ 之间的分子数占总分子数的百分率。

解：按题意，$v = v_p - \dfrac{v_p}{100} = \dfrac{99}{100}v_p$，$\Delta v = \left(v_p + \dfrac{v_p}{100}\right) - \left(v_p - \dfrac{v_p}{100}\right) = \dfrac{v_p}{50}$。在此，利用 v_p，引入 $W = \dfrac{v}{v_p}$，把麦克斯韦速率分布律改写成如下简单形式：

$$\frac{\Delta N}{N} = f(W)\Delta W = \frac{4}{\sqrt{\pi}}W^2 e^{-W^2}\Delta W \tag{8-19}$$

现在

$$W = \frac{v}{v_p} = \frac{99}{100}, \quad \Delta W = \frac{\Delta v}{v_p} = \frac{1}{50}$$

把这些量值代入式（8-19），即得

$$\frac{\Delta N}{N} = 1.66\%$$

8.6 玻耳兹曼能量分布律 重力场中粒子按高度的分布

在提出理想气体的微观模型时，我们曾指出，理想气体分子只参与分子间的、分子和器壁间的碰撞，而不考虑其他相互作用，即不考虑分子力，也不考虑外场（如重力场、电场、磁场等）对分子的作用。这时，气体分子只有动能而没有势能，并且在空间各处密度相同。麦克斯韦速率分布适用于描述这种情形。

8.6.1 玻耳兹曼能量分布律

一定质量的气体处于平衡态时，如果没有外力场作用，气体分子将均匀地分布在容器的整个空间内，这时气体的分子数密度 n、压强 p 和温度 T 处处均匀，但各个分子可以具有不同的速度和动能。当气体系统处在外力场中时，由于外力场对气体分子的作用，容器中不同位置处的气体分子具有不同的势能，气体的分子数密度 n 及压强 p 将不再是均匀分布了。

奥地利物理学家玻耳兹曼在麦克斯韦速率分布的基础上，考虑了外力场对气体分子分布的影响，建立了气体分子按能量的分布规律。

玻耳兹曼研究了在外力场中，处于平衡态下的理想气体，得出位置在空间区域 $x \sim x+\mathrm{d}x$，$y \sim y+\mathrm{d}y$，$z \sim z+\mathrm{d}z$ 内，速率在 $v_x \sim v_x+\mathrm{d}v_x$，$v_y \sim v_y+\mathrm{d}v_y$，$v_z \sim v_z+\mathrm{d}v_z$ 区间内的分子数为

$$\mathrm{d}N = n_0 \left(\frac{m_0}{2\pi kT}\right)^{3/2} \mathrm{e}^{\frac{-\varepsilon}{kT}} \mathrm{d}v_x \mathrm{d}v_y \mathrm{d}v_z \mathrm{d}x \mathrm{d}y \mathrm{d}z \tag{8-20}$$

式中，n_0 是势能 ε_p 为零处的分子数密度；$\varepsilon = \varepsilon_k + \varepsilon_p$ 为分子的总能量。

由式（8-20）可以看出，在平衡态下，确定的空间区域和速率区间内，分子数 $\mathrm{d}N$ 正比于 $\mathrm{e}^{\frac{-\varepsilon}{kT}}$，即能量越大的分子数越少。这表明，从统计意义上看，分子总是优先处于低能态，或者说分子处于低能态的概率比处于高能态的概率大。

如果把式（8-20）对位置积分，就可得到麦克斯韦速率分布律，这应在意料之中，因为玻耳兹曼分布是由麦克斯韦速率分布推广得来的。如果把式（8-20）对速度积分，并考虑到分布函数应该满足归一化条件：

$$\iiint \left(\frac{m_0}{2\pi kT}\right)^{3/2} \mathrm{e}^{-\frac{m_0 v^2}{2kT}} \mathrm{d}v_x \mathrm{d}v_y \mathrm{d}v_z = 1$$

那么，玻耳兹曼分布律也可写成如下常用形式：

$$\Delta N_B = n_0 \mathrm{e}^{-E_p/kT} \Delta x \Delta y \Delta z \tag{8-21}$$

式（8-21）表明分子数是如何按位置而分布的。此处的 ΔN_B 是分布在坐标间隔 $(x \sim x+\mathrm{d}x$，$y \sim y+\mathrm{d}y$，$z \sim z+\mathrm{d}z)$ 内具有各种速率的分子数。

玻耳兹曼分布律是个重要的规律，它对实物微粒（气体、液体和固体分子、布朗粒子等）在不同力场中运动的情形都是成立的。

8.6.2　重力场中粒子按高度的分布

重力场中，气体分子受到两种互相对立的作用，无规则热运动使分子均匀分布于它们所能到达的空间，而重力则会使分子聚集到地球表面上。这两种作用达到平衡时，气体分子在空间呈非均匀分布，分子数密度随高度的增加而减小。下面根据玻耳兹曼分布律来研究气体分子在重力场中按高度分布的规律。

地球周围大气层的厚度比起地球半径来说是很小的，如果取海平面的重力势能为零，则海拔高度为 z 处的一个空气分子的重力势能为 m_0gz，其中 m_0 是空气分子平均质量，g 是重力加速度。假设大气层各处的温度处处相同，则空气分子的平均平动动能不随高度变化，设 $n(z)$ 和 n_0 分别表示高度为 z 和 0 处的空气分子数密度，则有

$$n(z) = n_0 e^{-m_0gz/kT} \tag{8-22}$$

式（8-22）指出，在重力场中气体分子的密度 n 随高度 z 的增加按指数而减小。分子质量 m_0 越大，重力的作用越明显，n 的减小就越迅速；气体的温度越高，分子的无规则热运动越剧烈，n 的减小就越缓慢。图 8-5 就是根据式（8-22）画出的分布曲线。

应用式（8-22）很容易确定大气压强随高度的变化关系。将空气视为理想气体，在温度不变的条件下，压强与分子数密度成正比，即

$$p = nkT$$

所以高度为 z 处的大气压强可以写作

$$p(z) = p_0 e^{-m_0gz/kT} \tag{8-23}$$

式中，p_0 是高度为 0 处的大气压。

大气压随高度的上升而指数下降，因此随着高度的增加，氧气越来越稀薄，这一现象有重要的医学意义。另外，它还被广泛应用于高度的测量，用于气象、航空、登山及科学考察等诸多方面。

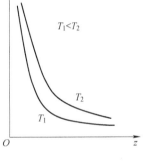

图 8-5　粒子数密度随高度指数递减

例 8-7　测得地面的气压为 $1.0 \times 10^5 \text{Pa}$，到山顶测得气压为 $0.85 \times 10^5 \text{Pa}$，假设大气温度均匀，且为 285K。已知空气的摩尔质量为 $28.9 \times 10^{-3} \text{kg} \cdot \text{mol}^{-1}$，求山的高度。

解：应用大气压随高度变化的关系式，有

$$z = \frac{kT}{m_0g} \ln \frac{p_0}{p(z)}$$

利用 $\dfrac{k}{m_0} = \dfrac{R}{M}$，得

$$z = \frac{RT}{Mg} \ln \frac{p_0}{p(z)} = \left(\frac{8.31 \times 285}{28.9 \times 10^{-3} \times 9.80} \ln \frac{1.0 \times 10^5}{0.85 \times 10^5} \right) \text{m} = 1.36 \times 10^3 \text{m}$$

即山高为 $1.36 \times 10^3 \text{m}$。

8.7　分子碰撞和平均自由程

气体中的大量分子都在做永不停息的热运动，在运动过程中，分子之间常常发生碰撞，

单个分子的碰撞带有很大的随机性，它何时何地与其他分子发生碰撞是完全不可预测的。本节从统计的角度研究大量分子组成的系统中分子间的碰撞的统计规律。

8.7.1 分子碰撞的研究

一个分子单位时间内与其他分子碰撞的平均次数，称为分子的平均碰撞频，用 $\bar{Z}$ 表示。

为了计算 $\bar{Z}$，假定分子都是直径为 d 的弹性小球，分子间的碰撞为完全弹性的。为了简化计算过程，又假定只有一个分子 A 以平均相对速率 $\bar{v_r}$ 运动，而其他分子则静止不动。

略去重力等其他因素的影响，在两次碰撞中间，一个分子可看作是仅受惯性支配的自由运动。这样，运动着的这个分子与其他分子每碰撞一次，它的速度方向便改变一次，所以运动分子的球心的轨迹是一条折线，如图 8-6 所示。设想以分子 A 球心的运动轨迹为轴线，以 d 为半径，作一个曲折的圆柱体。从图中可以看出，凡是球心到圆柱体轴线的距离小于 d 的分子，其球心都将落入圆柱体内，并与 A 相碰撞。分子在时间 Δt 内经过的路程为 $\Delta t \bar{v_r}$，与长为 $\Delta t \bar{v_r}$ 的轴线相应的圆柱体的体积为 $\pi d^2 \Delta t \bar{v_r}$。设单位体积的分子数为 n，由于球心落入圆柱体内的分子，在 A 的运动过程中终将和 A 发生碰撞，故分子 A 在 Δt 时间内与其他分子的碰撞次数就等于落入上述圆柱体内的分子数，即 $n\pi d^2 \Delta t \bar{v_r}$。这个数值除以 Δt 就是单位时间内分子 A 与其他分子的平均碰撞次数：

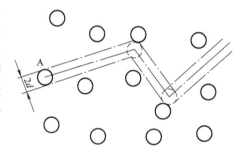

$$\bar{Z} = \frac{n\pi d^2 \Delta t \bar{v_r}}{\Delta t} = n\pi d^2 \bar{v_r}$$

图 8-6　计算平均碰撞频率

这个结果是假定只有一个分子运动，其余分子都静止得出来的，实际上，所有分子都在运动着，而且各个分子的运动速率不尽相同，因此式中的平均速率应修正为平均相对速率。根据麦克斯韦速率分布规律可以证明，气体分子的平均相对速率与平均速率之间的关系为 $\bar{v_r} = \sqrt{2}\bar{v}$，所以

$$\bar{Z} = \sqrt{2} n\pi d^2 \bar{v} \tag{8-24}$$

式（8-24）表明，分子的平均碰撞频率 $\bar{Z}$ 与分子数密度 n、分子的平均速率 $\bar{v}$ 成正比，也与分子直径 d 的平方成正比。

8.7.2 平均自由程公式

由于大量分子做无规则运动，每个分子都频繁地与其他分子碰撞，在连续的两次碰撞之间，分子所经过的路程称为自由程。对单个分子而言，自由程是不确定的，具有偶然性，但对大量分子而言，它具有确定的统计规律性，自由程的平均值叫**平均自由程**，用 $\bar{\lambda}$ 表示。

由于 1s 内每个分子平均走过的路程为 $\bar{v}$，而 1s 内每一个分子和其他分子碰撞的平均频率则为 $\bar{Z}$，所以分子平均自由程应为

$$\bar{\lambda} = \frac{\bar{v}}{\bar{Z}} = \frac{1}{\sqrt{2}\pi d^2 n} \tag{8-25}$$

式 (8-25) 给出了平均自由程 $\overline{\lambda}$ 和分子直径及分子数密度 n 的关系。根据 $p=nkT$，我们可以求出 $\overline{\lambda}$ 和温度 T 及压强 p 的关系为

$$\overline{\lambda}=\frac{kT}{\sqrt{2}\,\pi d^2 p} \tag{8-26}$$

由此可见，当温度一定时，$\overline{\lambda}$ 与 p 成反比，压强越小，则平均自由程越长（参见表 8-1）。

表 8-1　0℃时不同压强下空气分子的 $\overline{\lambda}$

$p/(\times 133.3\mathrm{Pa})$	760	1	10^{-2}	10^{-4}	10^{-6}
$\overline{\lambda}/\mathrm{m}$	7×10^{-8}	5×10^{-5}	5×10^{-3}	0.5	50

应该注意，分子并不是真正的球体，它是由电子与原子核组成的复杂系统；分子与分子之间的相互作用力的性质（部分是属于电性的）也相当复杂。当分子相距极近时，它们之间的相互作用力是斥力，并且这种斥力是随分子间距离的继续减小而很快地增大。所以两分子在运动中相互靠近后，由于相斥又使它们改变原来的运动方向而飞开，这一相互作用的过程我们就叫它碰撞。所以，碰撞实质上是在分子力作用下相互间的散射过程。分子间的相互斥力开始起显著作用时，两分子质心间的最小距离的平均值就是 d，所以 d 叫作分子的有效直径。实验证明，气体密度一定时，分子的有效直径将随速度的增加而减小，所以当 T 与 p 的比值一定时，$\overline{\lambda}$ 将随温度而略有增加。

例 8-8　求氢气在标准状态下，在 1s 内分子的平均碰撞频率。已知氢分子的有效直径为 $2\times10^{-10}\mathrm{m}$。

解：按气体分子算术平均速率公式 $\overline{v}=\sqrt{\dfrac{8RT}{\pi M}}$ 算得 $\overline{v}=1.70\times10^3\mathrm{m\cdot s^{-1}}$，按 $p=nkT$ 算得单位体积中分子数 $n=2.69\times10^{25}\mathrm{m^{-3}}$，因此

$$\overline{\lambda}=\frac{1}{\sqrt{2}\,\pi d^2 n}=2.10\times10^{-7}\mathrm{m}\text{（约为分子直径的 1000 倍）}$$

$$\overline{Z}=\frac{\overline{v}}{\overline{\lambda}}=8.10\times10^9\mathrm{s^{-1}}$$

即在标准状态下，在 1s 内，一个氢分子的平均碰撞次数约有 80 亿次。

8.8　气体的输运现象

迄今为止，我们讨论的都是气体在平衡态下的性质。在自然界中平衡态是暂时的，普遍存在的是非平衡态。本节讨论系统处在近平衡态下由非平衡态向平衡态的过渡过程，这个过程不是靠外力的作用，而是基于系统内部的相互作用自发地进行的，叫作输运过程。对于气体，如果系统内部各部分的物理性质（例如密度、流速、温度、压强等）是不均匀的，分子将通过不断地相互碰撞，不断地交换能量和动量，最后使气体内各部分的物理性质趋向均匀，这就是气体内的输运过程。

最常见的气体输运过程有三种：

（1）当系统各部分温度不同，或者说气体分子的热运动动能不同时，由于分子之间相互碰撞，热量必定从温度高的部分向温度低的部分传递，直到各部分的温度相同为止。这个过程为热传导过程。

（2）当气体内各层之间有相对的定向运动，亦即各层的流速不同时，这种宏观的相对运动由于内摩擦力的作用会逐渐使得速度趋于一致。系统内部这种动量的传递称为内摩擦或黏性现象。

（3）当容器中各部分气体的种类不同，或同一种气体内各部分的密度不同时，由于分子不停息的热运动，密度大的部分的气体将向密度小的部分转移，最终使各部分的密度趋于相同，这个过程称为扩散。

这三种过程都是宏观过程，热传导是内能的输运过程，扩散是质量的输运过程，黏性现象是动量的输运过程。

8.8.1　黏滞现象

流动中的气体，如果各气层的流速不相等，那么相邻的两个气层之间的接触面上，形成一对阻碍两气层相对运动的等值而反向的摩擦力，其情况与固体接触面间的摩擦力有些相似，叫作黏性力。气体的这种性质，叫作黏性。例如用管道输送气体，气体在管道中前进时，紧靠着管壁的气体分子附着于管壁，流速为零；稍远一些的气体分子才有流速，但不很大；在管道中心部分的气体流速最大。这正是从管壁到中心各层气体之间有黏性作用的表现。

黏性力所遵从的实验定律可用图 8-7 来说明。设有一气体，限制在两个无限大的平行平板 A、B 之间，平板 B（在 $y=0$ 处）是静止的，而平板 A（在 $y=h$ 处）以速度 u_0 沿 Ox 轴方向运动。我们把这一气体想象为许多平行于平板的薄层，其中顶层附着在运动平板 A 上，底层附着在静止平板 B 上。由于顶层的流速（正 x 方向）比下层大，顶层将对它的下一层作用一个沿 Ox 轴正方向的拉力，并依次对下一层作用这样一个拉力。与此同时，下一层将依次对上一层作用一个沿 Ox 轴负方向的阻力。于是，气体就出现黏性。在这个例子中，流速变化最大的方向是沿着 Oy 轴的方向。我们把流速在它变化最大的方向上每单位间距上的增量 $\dfrac{\mathrm{d}u}{\mathrm{d}y}$ 叫作**流速梯度**。实验证明，在图中 CD 平面处，黏性力 F 与该处的流速梯度成正比，同时也与 CD 的面积 ΔS 成正比，即

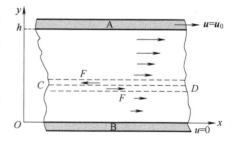

图 8-7　限制在两个无限大的平行平板之间的黏性气体

$$F = \pm \eta \frac{\mathrm{d}u}{\mathrm{d}y} \Delta S \qquad (8-27)$$

式中，比例系数 η 叫作动力黏度或黏度；正负号表明黏性力是成对出现的；当取 Oy 轴向上为正时，F 分别表示上层对下层的作用力与下层对上层的反作用力。

从气体动理论的观点来看，对黏滞现象可做如下的解释。如图 8-8 所示，在既做整体流动，又有分子热运动的气体中，沿着流速的方向任选一平面 P。在这一平面上、下两侧，将有许多分子穿过这一平面。在同一时间内，自上而下和自下而上穿过 P 平面的分子数目，

平均地说，是相等的，这些分子除了带着它们热运
动的动量和能量之外，同时还带着它们的定向运动
的动量。由于上侧的流速大于下侧的流速，所以
上、下两侧这样交换分子的结果，是每秒内都有定
向动量从上面气层向下面气层的净输运。也就是
说，上面气层的定向动量减少，下面气层的定向动
量有等量的增加。而根据定义，力是物体间因相对

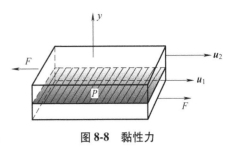

图 8-8　黏性力

运动而引起的动量转移率，因此，在宏观上来说，这一效应正与上层对下层作用一个沿 Ox
轴方向的摩擦拉力相似。所以，气体黏性力起源于气体分子的定向动量，在垂直于流速的方
向上，向流速较小气层的净转移或净输运。

8.8.2　热传导现象

将一个盛有气体的容器一端与高温热源接触，另一端与低温热源接触，经过足够长的
时间后，会在容器中形成一个稳定的温度分布，温度梯度由低温端指向高温端（设为 z 轴
方向），如图 8-9 所示。热量不断地从高温端传向低温端。实验表明，在容器某处（坐标
为 z），单位时间通过容器单位截面积的热量，即热流密度 J_H 与该处的温度梯度成正比，
可写作

$$J_H = -\kappa \frac{dT}{dz} \tag{8-28}$$

式中，κ 称为导热系数，在国际单位制中的单位是 $W \cdot m \cdot K^{-1}$；负号表示热量沿温度下降
的方向传递。式（8-28）称为**傅里叶热传导定律**。

从微观上看，气体的热传导和分子的热运动
也有着直接的联系，在图 8-9 中垂直于 z 轴作一假
想的平面，平面左侧气体温度较低，分子平均动
能较小；平面右侧气体温度较高，分子平均动能
较大。由于两侧气体分子间的相互碰撞，互相交
换。结果形成宏观上有热能从右侧向左侧输运。
这就是热传导过程。

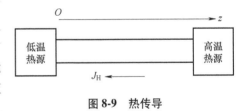

图 8-9　热传导

从气体分子动理论可以导出，气体的导热系数 κ 与分子运动的微观量的统计平均值满足
关系

$$\kappa = \frac{1}{3} m_0 n \bar{\lambda} \bar{v} c_V$$

式中，c_V 是气体的定体比热容，m_0 为分子质量。将 $\bar{v} = \sqrt{\dfrac{8RT}{\pi M}}$ 及 $\bar{\lambda} = \dfrac{1}{\sqrt{2}\pi n d^2}$ 代入上式可知，

在一定温度下，导热系数 κ 与压强 p（或分子数密度 n）无关。这个结论可由气体动理论
解释，当压强 p 降低时，n 减小，与温度梯度垂直的平面两侧交换的分子数减少，与此同
时，分子的平均自由程增大，两侧的分子可以从相距更远的地方无碰撞地通过该平面，
每交换一对分子，可交换更大的分子平均动能。这两种相反机制的同时存在导致 κ 与 p
无关。

8.8.3 扩散现象

如果容器中各部分的气体种类不同，或同一种气体在容器中各部分的密度不同，经过一段时间后，容器中各部分气体的成分以及气体的密度都将趋向均匀一致，这种现象叫作**扩散现象**。

为了使问题简化，我们考虑两种气体，在总密度均匀和没有宏观气流的条件下相互扩散的情况。此处假定相互扩散的两种气体的分子质量极为相近。

现在，我们只考察两种气体中一种气体的质量输运。设这种气体的密度沿 Ox 轴方向改变，沿着这个密度变化最大的方向，气体密度的空间变化率 $\dfrac{\mathrm{d}\rho}{\mathrm{d}x}$ 叫作**密度梯度**。在气体内任取一个垂直于 Ox 轴的面积 ΔS。实验证明，在单位时间内，从密度较大的一侧通过该面积向密度较小的一侧扩散的质量与该面积所在处的密度梯度成正比，同时也与面积 ΔS 成正比，即

$$\frac{\Delta m}{\Delta t} = -D\frac{\mathrm{d}\rho}{\mathrm{d}x}\Delta S \tag{8-29}$$

式中，Δm 为扩散的气体质量；比例系数 D 叫作扩散系数；负号表示气体的扩散从密度较大处向密度较小处进行，与密度梯度的方向恰好相反。扩散系数的单位是 $\mathrm{m^2 \cdot s^{-1}}$。

从气体动理论的观点来看，扩散现象是气体分子无规则热运动的结果。分子既有从较高密度的气层运动到较低密度气层的，也有在相反方向上进行着的。因为在较高密度气层的分子为数较多，所以，向较低密度气层输运的分子也就较相反方向的多了。这样，通过 ΔS 面就有了质量的净输运。

由气体分子动理论可以导出，在纯扩散情况下，气体的扩散系数与分子运动的微观量的统计平均值有下述关系：

$$D = \frac{1}{3}\bar{v}\bar{\lambda}$$

将 $\bar{v} = \sqrt{\dfrac{8RT}{\pi M}}$ 及 $\bar{\lambda} = \dfrac{kT}{\sqrt{2}\pi pd^2}$ 代入上式可知，D 与 $T^{3/2}$ 成正比，与压强 p 成反比。这说明温度越高，压强越低时，气体扩散过程越快。这个结论可由分子动理论解释，温度越高分子平均速率越大，压强越低分子平均自由程越大，碰撞机会越少，这两个因素都会导致扩散系数增大。

上述讨论充分说明，对气体输运过程的微观解释是气体分子动理论成功的应用之一。

习　题

8-1　有一水银气压计，当水银柱为 0.76m 高时，管顶离水银柱液面为 0.12m。管的截面积为 $2.0\times10^{-4}\,\mathrm{m^2}$。当有少量氮气混入水银管内顶部时，水银柱高下降为 0.60m。此时温度为 27℃，试计算有多少质量的氮气在管顶？（氮的摩尔质量为 $0.004\,\mathrm{kg \cdot mol^{-1}}$，0.76m 水银柱压强为 $1.013\times10^5\,\mathrm{Pa}$。）

8-2　一个封闭的圆筒，内部被导热的、不漏气的可移动活塞隔为两部分。最初，活塞位于筒中央，则圆筒两侧的长度 $l_1 = l_2$。当两侧各充以 T_1、p_1 与 T_2、p_2 的相同气体后，问平衡时活塞将在什么位置上？

已知 $p_1 = 1.013 \times 10^5 \text{Pa}$, $T_1 = 680\text{K}$, $p_2 = 2.026 \times 10^5 \text{Pa}$, $T_2 = 280\text{K}$。

8-3 求压强为 $1.013 \times 10^5 \text{Pa}$、质量为 $2 \times 10^{-3} \text{kg}$、体积为 1.54×10^{-3} 的氧气的分子平均平动动能。

8-4 容器内贮有 1mol 的某种气体，今从外界输入 $2.09 \times 10^2 \text{J}$ 的热量，测得其温度升高 10K，求该气体分子的自由度。

8-5 1mol 氢气在温度为 27℃时，分子的平动动能和转动动能各为多少？

8-6 求速度大小在 v_p 与 $1.01v_p$ 之间的气体分子数占总分子数的百分率。

8-7 求氢气在 300K 时分子速率在 $v_p - 10\text{m/s}$ 与 $v_p + 10\text{m/s}$ 之间的分子数所占的百分率。

8-8 求上升到什么高度处，大气压强减到地面时的 75%？设空气的温度为 0℃，空气的摩尔质量为 $0.0289\text{kg} \cdot \text{mol}^{-1}$。

8-9 当地面上的气压为 $1.013 \times 10^5 \text{Pa}$、温度为 0℃时，求下面所给高度处的压力（假定可以不考虑因高度而引起的温度改变）：（1）500m；（2）4000m；（3）20km。

8-10 无线电所用的真空管的真空度为 $1.33 \times 10^{-3} \text{Pa}$，试求在 27℃时单位体积中的分子数及分子平均自由程。设分子的有效直径为 $3.0 \times 10^{-10} \text{m}$。

8-11 设氮分子的有效直径为 10^{-10}m。（1）求氮气在标准状态下的平均碰撞次数；（2）如果温度不变，气压降到 $1.33 \times 10^{-4} \text{Pa}$，则平均碰撞次数又为多少？

8-12 在温度为 0℃和压强为 $1.0 \times 10^5 \text{Pa}$ 下，空气密度是 $1.293\text{kg} \cdot \text{m}^{-3}$，$\bar{v} = 4.6 \times 10^2 \text{m} \cdot \text{s}^{-1}$，$\bar{\lambda} = 6.4 \times 10^{-8} \text{m}$，求黏度。

8-13 由实验测定在标准状态下，氧气的扩散系数为 $1.87 \times 10^{-5} \text{m}^2 \cdot \text{s}^{-1}$，根据该数据计算氧分子的平均自由程和分子的有效直径。

第 9 章

热力学基础

热力学是研究热现象及热运动宏观规律的一个学科，它与统计物理学的研究对象是相同的，但其研究方法与统计物理学有着本质的区别。其理论基础是热力学第一定律和热力学第二定律：热力学第一定律是包括热现象在内的能量转化和守恒定律；热力学第二定律则指出了自然界自发过程进行的方向和条件。本章介绍这两条基本定律的内容及其应用，并在热力学第二定律的基础上引入了物理学中的一个基本概念——熵。

9.1　热力学第一定律

9.1.1　准静态过程

热力学系统的状态随时间变化时，我们说系统经历了一个热力学过程（文中简称过程）。设系统原来处于一种平衡态，外界的影响破坏了它，在新的外界条件下，经过一定的时间才能达到新的平衡态。由一个平衡态的破坏到一个邻近的新的平衡态的建立所需时间叫弛豫时间。系统的每一参量从不均匀到均匀的时间，一般来说并不相同，也就是说它们都有自己的弛豫时间，我们取这些弛豫时间中的最大者为系统的弛豫时间。如果过程进行得较快，新的平衡一直建立不起来，这样的过程叫非静态过程。如果过程进行得较缓慢，使得这个平衡态遭到破坏后，有足够的时间（即大于弛豫时间）来建立起另一个平衡态，我们从实际过程中抽象出一个理想化的过程即准静态过程。准静态过程是这样一种过程，系统在变化过程中的每一个瞬间，都处于平衡态。实际上如果某一过程中，在某一时刻出现明显的非平衡态，则全过程就不是准静态过程。

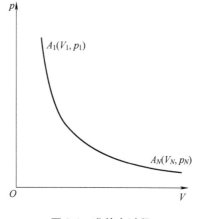

对一定量的气体来讲，状态参量 p、V、T 中只有两个是独立的，所以给定任意两个参量的数值，就确定了一个平衡态。例如，如果以 p 为纵坐标、V 为横坐标，作 p-V 图，则图上任一点都对应着一个平衡态。

在图 9-1 中，$A_1(V_1, p_1)$ 表示一定量气体的一个平衡态，它的参量是 p_1、V_1。由一系列无限靠近的点 A_1，A_2，A_3，$\cdots$，A_N 连成曲线，这条曲线就表示由初态 A_1 经历无限个中间平衡态而达到终态 A_N 的准静态过程。

图 9-1　准静态过程

非准静态过程不能用 p-V 图上的曲线来表示。

9.1.2　功　热量　内能

在热力学中，一般不考虑系统整体的机械运动。无数事实证明，热力学系统的状态变化，总是通过外界对系统做功，或向系统传递热量，或两者兼施并用而完成的。例如，一杯水，可以通过加热，用传递热量的方法，使其从某一温度升高到另一温度；也可用搅拌做功的方法，使它升高到同一温度。前者是通过热量传递来完成的，后者则是通过外界做功来完成的。两者方式虽然不同，但能导致相同的状态变化。由此可见，做功与传递热量是等效的。过去，习惯上功用 J（焦）作单位，热量用 cal（卡）作单位，1cal = 4.186J。现在，在国际单位制中，功与热量都用 J 作单位。

在力学中，我们把功定义为力与位移这两个矢量的标积，外力对物体做功的结果会使物体的状态变化。在做功的过程中，外界与物体之间有能量的交换，从而改变了它们的机械能。在热力学中，功的概念要广泛得多。

气体没有固定的体积，外界对气体做功可以改变它的体积。在图 9-2 中，气缸中的气体可通过活塞改变，设活塞的面积为 S，活塞与气缸壁之间无摩擦力，且活塞以无限缓慢的速度移动，则此过程可看作准静态过程。当活塞移动 $\mathrm{d}l$ 距离时，外界对气体做的功为

$$\mathrm{d}W = -pS\mathrm{d}l = -p\mathrm{d}V \tag{9-1}$$

式中，p 是活塞在任意位置时气体的压强。在 p-V 图中，$p\mathrm{d}V$ 相当于图 9-3 中的阴影部分的面积。当气体的体积由 V_1 增至 V_2 时，外界通过活塞对气体做的功为

$$W = -\int_{V_1}^{V_2} p\mathrm{d}V \tag{9-2}$$

这相当于图 9-3 中曲线下面积的负值。

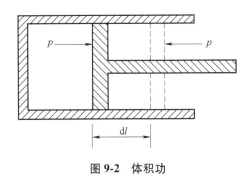

图 9-2　体积功　　　　　　　　图 9-3　准静态过程的功

9.1.3　热力学第一定律概述

在一般情况下，当系统状态变化时，做功与传递热量往往是同时存在的。如果有一系统，外界对它传递的热量为 Q，系统从内能为 E_1 的初始平衡状态改变到内能为 E_2 的终末平衡状态，同时系统对外做功为 W，那么，不论过程如何，总有

$$Q = E_2 - E_1 + W \tag{9-3}$$

式（9-3）就是**热力学第一定律**。我们规定：系统从外界吸收热量时，Q 为正值，反之为负；系统对外界做功时，W 为正值，反之为负；系统内能增加时，$E_2 - E_1$ 为正，反之为负。这

样，式（9-3）的意义就是：外界对系统传递的热量，一部分是使系统的内能增加，另一部分是用于系统对外做功。不难看出，热力学第一定律其实是包括热量在内的能量守恒定律。对微小的状态变化过程，式（9-3）可写成

$$\mathrm{d}Q = \mathrm{d}E + \mathrm{d}W \tag{9-4}$$

在热力学第一定律建立以前，曾有人企图制造一种机器，它不需要任何动力和燃料，工作物质的内能最终也不改变，却能不断地对外做功。这种永动机叫作第一类永动机。所有这种企图，终经无数次的尝试，都失败了。热力学第一定律指出，做功必须由能量转换而来，很显然第一类永动机违反热力学第一定律，所以它是不可能造成的。

当气体经历一个状态变化的准静态过程时，利用式（9-1）可将式（9-3）写成

$$Q = E_2 - E_1 + \int_{V_1}^{V_2} p\mathrm{d}V \tag{9-5}$$

式中，$\int_{V_1}^{V_2} p\mathrm{d}V$ 在 p-V 图上是由代表这个准静态过程的实线对 V 轴所覆盖的阴影面积表示的（见图9-4）。如果系统沿图中虚线所表示的过程进行状态变化，那么它所做的功将等于虚线下面的面积，这比实线表示的过程中的功大。因此，根据图示可以清楚地看到，系统由一个状态变化到另一状态时，所做的功不仅取决于系统的初末状态，而且与系统所经历的过程有关。在式（9-5）中，$E_2 - E_1$ 与过程无关，它与系统所做的功相加所决定的热量，当然也随过程的不同而不同。

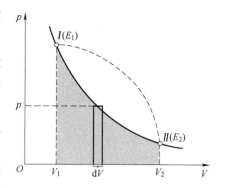

图9-4　气体膨胀做功的图示

应该指出，在系统的状态变化过程中，功与热之间的转换不可能是直接的，而是通过物质系统来完成的。向系统传递热量可使系统的内能增加，再由系统的内能减少而对外做功。或者外界对系统做功，使系统的内能增加，再由内能的减少，系统向外界传递热量。通常我们说热转换为功或功转换为热，这仅是为了方便而使用的通俗用语。

9.2　热力学第一定律对于理想气体准静态过程的应用

9.2.1　等体过程

气体体积保持不变的准静态过程称为等体过程。例如气体在一刚性容器内进行的过程就是等体过程。由理想气体的状态方程知，等体过程中 p 与 T 的关系为

$$\frac{p}{T} = 常量$$

上式称为等体过程的过程方程。在 p-V 图上，等体过程可用一条平行于 p 轴的直线表示，该直线称为等体线，如图9-5所示。

在等体过程中，$\mathrm{d}V = 0$，因此，$\mathrm{d}W = p\mathrm{d}V = 0$，即气体对外界不做功。根据热力学第一定律，有

$$\mathrm{d}Q_V = \mathrm{d}E \qquad (9\text{-}6)$$

对有限过程，则有

$$Q_V = E_2 - E_1 \qquad (9\text{-}7)$$

可见，在等体过程中，理想气体与外界交换的热量，全部用来改变系统的内能。

理想气体的**摩尔定体热容**定义为

$$C_{V,m} = \frac{\mathrm{d}E}{\mathrm{d}T} \qquad (9\text{-}8)$$

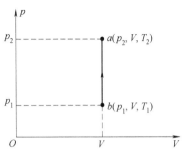

图 9-5 等体线

它表示 1mol 的气体在体积不变以及没有化学变化与相变的条件下，温度改变 1K 所需的热量。因此，ν 摩尔气体由状态（p_1，V，T_1）变化到状态（p_2，V，T_2）过程中与外界交换的热量为

$$Q_V = E_2 - E_1 = \nu C_{V,m}(T_2 - T_1) \qquad (9\text{-}9)$$

9.2.2 等压过程

等压过程的特征是系统的压强保持不变，即 p 为常量，$\mathrm{d}p = 0$。

设想气缸连续地与一系列有微小温度差的恒温热源相接触，同时活塞上所加的外力保持不变。接触的结果，将有微小的热量传给气体，使气体温度稍微升高，气体对活塞的压强也随之较外界所施的压强增加一微量，于是稍微推动活塞对外做功。由于体积的膨胀，压强降低，从而保证气体在内、外压强的量值保持不变的情况下进行膨胀。所以这一准静态过程是一个等压过程。

现在我们来计算气体的体积增加 $\mathrm{d}V$ 时所做的功 $\mathrm{d}W$。根据理想气体状态方程 $pV = \frac{m}{M}RT$，如果气体的体积从 V 增加到 $V+\mathrm{d}V$，温度从 T 增加到 $T+\mathrm{d}T$，那么气体所做的功

$$\mathrm{d}W = p\mathrm{d}V = \frac{m}{M}R\mathrm{d}T \qquad (9\text{-}10)$$

根据热力学第一定律，系统吸收的热量为

$$\mathrm{d}Q_p = \mathrm{d}E + \frac{m}{M}R\mathrm{d}T$$

式中，下角 p 表示压强不变。当气体从状态（p，V_1，T_1）变化到状态（p，V_2，T_2）时，气体对外做功为

$$W = \int_{V_1}^{V_2} p\mathrm{d}V = p(V_2 - V_1) \qquad (9\text{-}11)$$

或写为

$$W = \int_{T_1}^{T_2} \frac{m}{M}R\mathrm{d}T = \frac{m}{M}R(T_2 - T_1) \qquad (9\text{-}12)$$

所以，在整个过程中传递的热量为

$$Q_p = E_2 - E_1 + \frac{m}{M}R(T_2 - T_1) \qquad (9\text{-}13)$$

我们把 1mol 气体在压强不变以及没有化学变化与相变的条件下，温度改变 1K 所需要的

热量叫作气体的**摩尔定压热容**，用 $C_{p,m}$ 表示，即

$$C_{p,m} = \frac{dQ_p}{\frac{m}{M}dT}$$

根据这个定义得

$$Q_p = \frac{m}{M}C_{p,m}(T_2 - T_1)$$

又因 $E_2 - E_1 = \frac{m}{M}C_{V,m}(T_2 - T_1)$，把这个式子代入式（9-13），可得

$$C_{p,m} = C_{V,m} + R \qquad (9\text{-}14)$$

式（9-14）叫作**迈耶公式**。它的意义是，1mol 理想气体温度升高 1K 时，在等压过程中比在等体过程中要多吸收 8.31J 的热量，为的是转化为对外所做的膨胀功。由此可见，普适气体常量 R 等于 1mol 理想气体在等压过程中温度升高 1K 时对外所做的功。

例 9-1 1mol 双原子理想气体温度从 300K 升到 350K。经历如下两个过程：（1）等体过程；（2）等压过程。试求在这两个过程中各吸收多少热量？增加了多少内能？对外界做了多少功？

解：（1）在等体过程中，$dV = 0$，因此

$$W_1 = 0$$

双原子分子 $i = 5$，$C_{V,m} = \frac{5}{2}R$。在等体过程气体吸收的热量与内能增加相等：

$$Q_V = \Delta E_1 = \nu C_{V,m}(T_2 - T_1) = \left[1 \times \frac{5}{2} \times 8.31 \times (350 - 300) \right] J = 1038.8J$$

（2）由于理想气体的内能仅与温度有关，在等压过程中气体内能的增量为

$$\Delta E_2 = \Delta E_1 = \nu C_{V,m}(T_2 - T_1) = 1038.8J$$

气体对外做功为

$$A_2 = \nu R(T_2 - T_1) = [1 \times 8.31 \times (350 - 300)]J = 415.5J$$

根据热力学第一定律，气体吸收的热量为

$$Q_p = \Delta E_2 + A_2 = (1038.8 + 415.5)J = 1454.3J$$

例 9-2 在有活塞的气缸中，盛有 ν 摩尔理想气体，活塞上放一质量为 m 的物体，如图 9-6所示。假如气体由初始温度 T_1 降低到 T_2 的过程中，物体的重力势能减少了 ΔE_p。设活塞面积为 S，活塞重量忽略不计，大气压强为 p_0，试求该气体的初始温度（用 T_2 表示）。

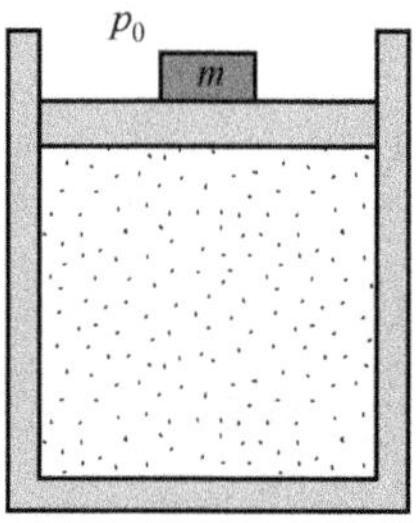

解：根据题意知气体经历的是等压过程，气体对外界做功为

$$W = p(V_2 - V_1) = \nu R(T_2 - T_1)$$

其中 $p = p_0 + \frac{mg}{S}$，$(V_2 - V_1) = -S\Delta h$，$\Delta h = \frac{\Delta E_p}{mg}$，代入上式可得气体的初始温度为

$$T_1 = T_2 + \frac{\Delta E_p(p_0 S + mg)}{\nu Rmg}$$

图 9-6 例 9-2 图

9.2.3 等温过程

等温过程中，温度不变，特征方程为 $\mathrm{d}T=0$。根据理想气体的状态方程，这时压强与体积的乘积是一个常量，即

$$pV=\nu RT=\text{常量}$$

所以在 p-V 图中，等温过程对应于双曲线的一支，称为等温线，如图 9-7 所示。由于理想气体的内能只与温度有关，所以在等温过程中气体的内能也不发生变化。根据热力学第一定律，气体从外界吸收的热量全部用来对外做功；反之，外界对气体做的功也会全部以热量的形式释放出去，即

$$Q=-W \tag{9-15}$$

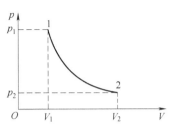

图 9-7 等温过程

在图 9-7 中，理想气体经等温过程由状态 1 到达状态 2 时，外界对气体做的功为

$$W=-\int_{V_1}^{V_2}p\,\mathrm{d}V=-\nu RT\int_{V_1}^{V_2}\frac{\mathrm{d}V}{V}=-\nu RT\ln\frac{V_2}{V_1} \tag{9-16}$$

例 9-3 1mol H_2 在压强为 1.013×10^5Pa、温度为 20℃时，其体积为 V_0，先保持体积不变加热到温度为 80℃，然后使其做等温膨胀，体积变为原来的 2 倍。求外界对气体所做的功、系统吸收的热量及内能的增量。

解：H_2 为双原子分子，$C_{V,\mathrm{m}}=\dfrac{5}{2}R$，记 $T_1=293$K，$T_2=353$K。等体过程中外界不对系统做功，所以整个过程中外界做的功就等于系统等温膨胀过程中外界对气体做的功，并考虑到物质的量 $\nu=1$，有

$$W=-RT_2\ln\frac{2V_0}{V_0}=(-8.31\times353\times\ln2)\mathrm{J}=-2.03\times10^3\mathrm{J}$$

负号表示系统对外界做正功。

等体过程吸热为

$$Q_1=C_{V,\mathrm{m}}(T_2-T_1)=\left[\frac{5}{2}\times8.31\times(353-293)\right]\mathrm{J}\approx1.25\times10^3\mathrm{J}$$

等温膨胀过程气体吸热为

$$Q_2=-W=2.03\times10^3\mathrm{J}$$

整个过程系统吸热总和为

$$Q=Q_1+Q_2=3.28\times10^3\mathrm{J}$$

由热力学第一定律，系统内能的增量为

$$\Delta E=W+Q=1.25\times10^3\mathrm{J}$$

这个结果也可以根据内能是态函数，由 $\Delta E=C_{V,\mathrm{m}}(T_2-T_1)$ 直接得到。

9.2.4 绝热过程

在不与外界做热量交换的条件下，系统的状态变化过程叫作**绝热过程**。它的特征是 $\mathrm{d}Q=0$。要实现绝热平衡过程，系统的外壁必须是完全绝热的，过程也应该进行得无限缓

慢（见图 9-8）。但在自然界中，完全绝热的器壁是找不到的，因此理想的气体的绝热过程并不存在，实际进行的都是近似的绝热过程。例如，气体在杜瓦瓶（一种保温瓶）内或在用绝热材料包起来的容器内所经历的变化过程，就可看作是近似的绝热过程。又如声波传播时所引起的空气的压缩和膨胀、内燃机中的爆炸过程等，由于这些过程进行得很快，热量来不及与四周交换，也可近似地看作是绝热过程。当然，这种绝热过程不是准静态过程。

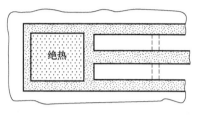

图 9-8　绝热平衡过程

绝热过程的特点是与外界无热量交换，即 $Q=0$，热力学第一定律可表示为

$$\nu C_V \mathrm{d}T + p\mathrm{d}V = 0 \tag{9-17}$$

外界所做的功全部用来增加系统的内能，使系统的温度升高。理想气体做绝热膨胀时，完全依靠减少系统内能对外做功，从而温度会降低。因此，绝热过程中气体的状态参量都会改变。下面推导绝热过程所遵从的过程方程。

将理想气体的状态方程 $pV=\nu RT$ 两边全微分，得

$$p\mathrm{d}V + V\mathrm{d}p = \nu R\mathrm{d}T \tag{9-18}$$

联立式（9-17）和式（9-18）消去 $\mathrm{d}T$，得

$$(C_{V,\mathrm{m}}+R)p\mathrm{d}V + C_{V,\mathrm{m}}V\mathrm{d}p = 0$$

上式两边同除 $C_{V,\mathrm{m}}pV$，并考虑 $\gamma = \dfrac{C_{V,\mathrm{m}}+R}{C_{V,\mathrm{m}}}$，得

$$\frac{\mathrm{d}p}{p} + \gamma\frac{\mathrm{d}V}{V} = 0$$

积分得

$$\ln p + \gamma\ln V = 常量$$

或

$$pV^{\gamma} = 常量 \tag{9-19}$$

式（9-19）称为**泊松公式**，给出了绝热过程中气体的状态参量满足的方程。由于 $\gamma>1$，所以绝热线比等温线更陡一些（见图 9-9）。由理想气体的状态方程，不难得到用其他参量表示的绝热过程方程

$$TV^{\gamma-1} = 常量 \tag{9-20}$$

以及

$$\frac{p^{\gamma-1}}{T^{\gamma}} = 常量 \tag{9-21}$$

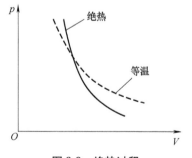

图 9-9　绝热过程

设理想气体由状态（p_1，V_1，T_1）经绝热过程到达状态（p_2，V_2，T_2），则根据热力学第一定律可以计算出外界对系统所做的功

$$W = \Delta E = \nu C_{V,\mathrm{m}}(T_2 - T_1) \tag{9-22}$$

结合理想气体的状态方程，将 T 用 $\dfrac{pV}{\nu R}$ 取代，得

$$W = \frac{C_{V,m}}{R}(p_2 V_2 - p_1 V_1)$$

上式亦可表示为如下形式：

$$W = \frac{1}{\gamma - 1}(p_2 V_2 - p_1 V_1) \tag{9-23}$$

例 9-4　设有 8g 氧气，体积为 $0.41 \times 10^{-3} \text{m}^3$，温度为 300K。（1）如氧气做绝热膨胀，膨胀后的体积为 $4.1 \times 10^{-3} \text{m}^3$，问气体做功多少？（2）如氧气做等温膨胀，膨胀后的体积也是 $4.1 \times 10^{-3} \text{m}^3$，问这时气体做功多少？

解：（1）氧气的质量是 $m = 0.008 \text{kg}$，摩尔质量 $M = 0.032 \text{kg} \cdot \text{mol}^{-1}$，原来温度 $T_1 = 300 \text{K}$，令 T_2 为氧气绝热膨胀后的温度，则

$$W = \frac{m}{M} C_{V,m}(T_1 - T_2)$$

根据绝热方程中 T 与 V 的关系式

$$V_1^{\gamma - 1} T_1 = V_2^{\gamma - 1} T_2$$

得

$$T_2 = T_1 \left(\frac{V_1}{V_2}\right)^{\gamma - 1}$$

以 $T_1 = 300 \text{K}$，$V_1 = 0.41 \times 10^{-3} \text{m}^3$，$V_2 = 4.10 \times 10^{-3} \text{m}^3$ 及 $\gamma = 1.40$ 代入上式，得

$$T_2 = 119 \text{K}$$

又因氧分子是双原子分子，$i = 5$，$C_{V,m} = \frac{i}{2} R = 20.8 \text{J} \cdot \text{mol}^{-1} \cdot \text{K}^{-1}$，于是有

$$W = \frac{m}{M} C_{V,m}(T_1 - T_2) = 671 \text{J}$$

（2）如氧气做等温膨胀，气体所做的功为

$$W_T = \frac{m}{M} R T_1 \ln \frac{V_2}{V_1} = 1.44 \times 10^3 \text{J}$$

9.3　循环过程　卡诺循环

本节分析了把热能转换成机械功和把热量从低温物体传向高温物体时的热机循环和制冷循环。

9.3.1　循环过程

由热力第一定律可知，使热转化为功是通过物质系统来完成的，这个将热转换为功的物质系统，我们把它叫作**工作物质**或**工质**。例如在气缸中做等温或等压膨胀的气体能把从热源吸入的热转换为功，气体即是工作物质。在实际应用上，往往要求通过工作物质能持续不断地把热转换为功。要靠单独的一种变化过程来持续不断地把热转化为功是不可能的。在气缸中的气体做等温膨胀时，虽然可以将热转化为功，但是这个过程不可能无限制地进行下去。十分明显，要继续不断地把热转化为功，必须使工作物质从做功以后的状态，能回到原来状态，一次再一次地重复下去。欲使工作物质重复一次对外做净功，就必须要求工作物质

在返回原状态的过程中，外界对工作物质膨胀时所做的功小于气体对外界所做的功。我们把工作物经过了若干不同的过程后又回到它原来状态的整个过程称为**循环过程**或简称为**循环**。只有利用循环过程，才可以把热持续不断地转变为功。p-V 图上准静态循环过程用一个封闭的曲线来表示。由于工质的内能是状态函数，所以经过一个循环回到原来的状态时，它的内能没有改变 $\Delta E = 0$，这是循环过程的特征。若经过一个循环系统对外做净功为 W，系统从外界吸热为 Q_1，同时向外界放热为 Q_2（Q_2 为绝对值），由热力学第一定律知

$$W = Q_1 - Q_2 \tag{9-24}$$

对于任意循环，W 为所有分过程做功的代数和，其几何意义为循环所包围的面积，循环沿顺时针进行，表示系统做正功，这个循环叫正循环，是热机的循环；逆时针进行的循环，外界做正功，叫逆循环，是制冷机的循环。

效率为热机性能的一个标志，其定义为

$$\eta = \frac{W}{Q_1} = \frac{Q_1 - Q_2}{Q_1} = 1 - \frac{Q_2}{Q_1} \tag{9-25}$$

热机循环示意图如图 9-10 所示，表明工作物质从高温热源吸取热 Q_1，对外做功，并将一部分热 Q_2（绝对值）放入低温热源。制冷机的循环则是通过外界做功，系统从低温热源吸热 Q_2 向高温热源放热 Q_1（绝对值），如图 9-11 所示，工质经过一个循环后仍有 $Q_1 - Q_2 = W$。

对于制冷机，它的性能用制冷系数来表示的，制冷系数的定义为

$$\omega = \frac{Q_2}{W} = \frac{Q_2}{Q_1 - Q_2} \tag{9-26}$$

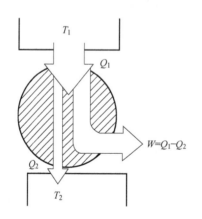

图 9-10　热机循环示意图

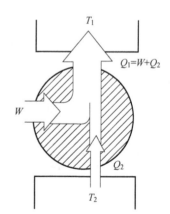

图 9-11　制冷机循环示意图

制冷系数表示外界做单位功时，能够把多少热从低温热源送入高温热源。

9.3.2　卡诺循环及其效率

法国青年工程师卡诺于 1824 年研究热机理论时提出了一种理想的热机循环，为热力学第二定律的建立奠定了基础。考虑如下的循环过程：（1）系统在温度 T_1 下等温地从状态（p_1，V_1）膨胀到状态（p_2，V_2）；（2）系统从状态（p_2，V_2）绝热膨胀到状态（p_3，V_3）；（3）系统在温度 T_2 下从（p_3，V_3）等温压缩到状态（p_4，V_4）；（4）系统从状态（p_4，V_4）绝热压缩到它原来的状态（p_1，V_1）。所有过程都认为是准静态过程。这个循环过程叫作**卡诺循环**，如

图 9-12 所示，整个循环中，只有过程 1 和过程 3 分别与两个热源接触并交换热量。图 9-13 画出了卡诺热机的工作示意图。设系统在过程 1 和过程 3 从两个热源吸取的热量分别为 Q_1、Q_2（Q_2 为负值，表示系统向低温热源放热），根据热力学第一定律，系统对外做功

$$W = Q_1 + Q_2$$

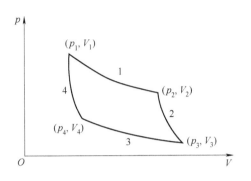

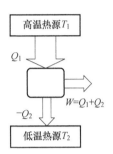

图 9-12　卡诺循环　　　　　　　　图 9-13　卡诺热机工作示意图

　　下面根据卡诺循环的效率，由前面提到的公式，对于理想气体的卡诺循环，工作物质在两个等温过程中的吸热分别为

$$Q_1 = \nu R T_1 \ln \frac{V_2}{V_1}$$

$$Q_2 = -\nu R T_2 \ln \frac{V_3}{V_4}$$

对于绝热过程 2 和 4，利用过程方程有

$$\frac{T_1}{T_2} = \left(\frac{V_3}{V_2}\right)^{\gamma-1}, \quad \frac{T_1}{T_2} = \left(\frac{V_4}{V_1}\right)^{\gamma-1}$$

由此得

$$\frac{V_2}{V_1} = \frac{V_3}{V_4}$$

　　上面几式联立可得

$$\frac{Q_1}{T_1} + \frac{Q_2}{T_2} = 0 \tag{9-27}$$

即

$$\eta = 1 - \frac{T_2}{T_1} \tag{9-28}$$

式中，T_1、T_2 都为热力学温度，以 K 为单位。上式表明，理想气体的卡诺循环的效率只由高低两个热源的温度决定，高温热源与低温热源的温度比越大，循环的效率越高。

　　若卡诺循环逆向进行，则为卡诺制冷机，如图 9-14 所示，其中 $Q_1 < 0$。对于卡诺逆循环，与计算卡诺热机相同的道理，可以计算出其制冷系数为

$$\omega = \frac{Q_2}{W} = \frac{T_2}{T_1 - T_2} \tag{9-29}$$

一般情况下，高温热源的温度 T_1 就是室温，从上式可以分析出，制冷温度 T_2 越低，制冷系数越小。

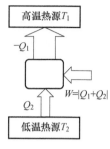

例 9-5 一台以卡诺循环方式工作的家用电冰箱，工作时耗电功率 $P = 150\text{W}$，在平均室温为 32℃ 的夏季，要保持冷冻室的温度为 -8℃，试求每分钟可从冷冻室吸收的最大热量和向室内放出的热量。

解：由题意可知 $T_1 = (273+32)\text{K} = 305\text{K}$，$T_2 = (273-8)\text{K} = 265\text{K}$，冰箱的制冷系数为

$$\omega = \frac{T_2}{T_1-T_2} = \frac{265}{305-265} \approx 6.63$$

图 9-14 卡诺制冷机
工作示意图

电冰箱每分钟做功 $W = Pt = (150 \times 60)\text{J} = 9 \times 10^3\text{J}$，每分钟从冷冻室吸收的热量为

$$Q_2 = \omega W = (6.63 \times 9 \times 10^3)\text{J} \approx 5.97 \times 10^4\text{J}$$

因此，每分钟向室内放出的热量为

$$Q_1 = Q_2 + W = (5.97 \times 10^4 + 9 \times 10^3)\text{J} = 6.87 \times 10^4\text{J}$$

9.4 热力学第二定律及其统计意义

9.4.1 热力学第二定律

在 19 世纪初期，由于热机的广泛应用，使提高热机的效率成为一个十分迫切的问题。人们根据热力学第一定律，知道制造一种效率大于 100% 的循环动作的热机只是一种空想，因为第一类永动机违反能量转换与守恒定律，所以不可能实现。但是，制造一个效率为 100% 的循环动作的热机，有没有可能呢？设想的这种热机，它只从一个热源吸取热量，并使之全部转变为功；它不需要冷源，也没有释放出热量。这种热机可不违反热力学第一定律，因而对人们有很大的诱惑力。从一个热源吸热，并将热全部转变为功的循环动作的热机，叫作第二类永动机。有人早就计算过，如果能制成第二类永动机，使它从海水吸热而做功的话，全世界大约有 10^{18}t 海水，只要冷却 1K，就会给出 10^{21}kJ 的热量，这相当于 10^{14}t 煤完全燃烧所提供的热量！无数尝试证明，第二类永动机同样是一种幻想，也是不可能实现的。就以上节介绍的卡诺循环来说，它是个理想循环。工作物质从高温热源吸取热量，经过卡诺循环，总要向低温热源放出一部分热量，才能回复到初始状态。卡诺循环的效率也总是小于 1 的。

根据这些事实，开尔文总结出一条重要原理，即**热力学第二定律**。热力学第二定律的开尔文表述是这样的：不可能制成一种循环动作的热机，只从一个热源吸取热量，使之全部变为有用的功，而不产生其他影响。在这一表述中，我们要特别注意"循环动作"几个字。如果工作物质进行的不是循环过程，例如气体做等温膨胀，那么，气体只使一个热源冷却做功而不放出热量便是可能的了。从文字上看，热力学第二定律的开尔文表述反映了热功转换的一种特殊规律。

1850 年，克劳修斯在大量事实的基础上提出热力学第二定律的另一种叙述：热量不可能自动地从低温物体传向高温物体。从上一节卡诺制冷机的分析中可以看出，要使热量从低

温物体传到高温物体,靠自发地进行是不可能的,必须依靠外界做功。克劳修斯的叙述正是反映了热量传递的这种特殊规律。

在热功转换这类热力学过程中,利用摩擦,功可以全部变为热。但是,热量却不能通过一个循环过程全部变为功。在热量传递的热力学过程中,热量可以从高温物体自动传向低温物体,但却不能自动从低温物体传向高温物体。由此可见,自然界中出现的热力学过程是有单方向性的,某些方向的过程可以自动实现而另一方向的过程则不能。热力学第一定律说明在任何过程中能量必须守恒,热力学第二定律却说明并非所有能量守恒的过程均能实现。热力学第二定律是反映自然界过程进行的方向和条件的一个规律,在热力学中,它和热力学第一定律相辅相成,缺一不可,同样是非常重要的。

从这里还可以看到,我们为什么在热力学中要把做功及传递热量这两种能量传递方式加以区别,就是因为热量传递具有只能自动从高温物体传向低温物体的方向性。

9.4.2 热力学第二定律的统计意义

热力学第二定律的两种表述,指出自然界中一切与热现象有关的自发过程都是不可逆过程。而热现象与大量分子无序热运动相联系,并遵循统计规律。因此,我们可以从统计意义上理解热力学第二定律,从而了解自然界的一切不可逆过程都具有相同的微观本质。

以理想气体的自由膨胀过程为例,设一容器被隔板分为 A、B 两室,如图 9-15 所示。A 室充满某种气体,B 室抽为真空。当隔板抽去后,A 室的气体自由膨胀,最终充满整个容器,这是一个不可逆过程。也就是说,气体分子经过热运动,不可能再全部回到 A 室去。现从统计的观点来分析这一不可逆过程的微观本质。

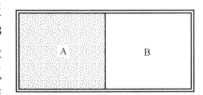

图 9-15 理想气体的自由膨胀

一个不受外界影响的孤立系统,其内部发生的一切实际过程,总是由包含微观态数目少的宏观态向包含微观态数目多的宏观态转变。这就是热力学第二定律的统计意义。在一般情况下,宏观状态表现得越规则有序,其包含的微观态数目越少;而宏观状态表现得越混乱无序,其包含的微观态数目越多,因此一切不可逆过程都是从有序状态向无序状态方向进行。

9.4.3 可逆过程和不可逆过程

如果一个系统由某一状态经过一个过程达到另一状态,同时对外界产生影响;假若存在另一过程,使系统逆向重复原过程的每一状态而回到初始状态,同时消除了原来过程对外界引起的一切影响,则称原来的过程为可逆过程。反之,如果用任何方法使系统和外界都不能完全恢复原状,则称原过程为不可逆过程。

可逆过程是热力学系统在状态变化时经历的一种理想过程。如一单摆系统不受空气阻力和其他摩擦力的作用,当它离开平衡位置后,经过一个周期又回到了原来的位置,而没有引起外界发生变化。因此,单摆在不受阻力作用时的运动过程是可逆过程。

一滴墨水滴入水中,墨水会自发地在水中扩散,最后两种液体均匀混合,但你却无法找到一种逆过程,使这种混合体自发地分离为一滴墨水和清水。因此,扩散过程是不可逆过程。又如气体的自由膨胀,物体的热传导、功、热之间的转换过程,燃烧过程等都是不可逆过程。所有实际过程,由于存在摩擦、漏气、热辐射等能量损耗,而引起了外界变化。因此，一切实际过程都是不可逆过程，不平衡和损耗等是导致过程不可逆的主要原因。

由此可见，可逆过程是一种实际上不存在的理想过程。只是当过程的每一步，系统都无限地接近平衡态，并消除了摩擦等耗散因素时，过程才是可逆的。也就是说，只有无摩擦的准静态过程才是可逆过程。然而，绝对的无摩擦和准静态过程实际上是不存在的。我们知道，热力学第二定律开尔文表述指出了"热不能完全变为功而不产生其他影响"，然而功却可以完全变为热而不产生其他影响，反映了功热转变过程具有方向性。而克劳修斯表述则反映了热传递具有方向性。因此热力学第二定律的两种表述分别指出了一种自然过程具有的方向性。大量事实证明，自然界中与热现象有关的一切自然过程都具有方向性。因此，热力学第二定律的实质，就是揭示了自然界中一切自发过程都是单方向进行的不可逆过程。

9.5 卡诺定理 熵

9.5.1 卡诺定理

卡诺循环是一个理想的可逆循环，这个循环的意义可用卡诺定理来说明。卡诺定理的表述有两条：

（1）在相同的高温热源和相同的低温热源之间工作的一切可逆热机，其效率都相等，与工作物质无关；

（2）在相同的高温热源和相同的低温热源之间工作的一切不可逆热机，其效率不可能高于可逆机的效率。

卡诺定理指出了工作在相同的高温热源和低温热源之间的热机效率的极限值，对应于可逆循环的效率，并指明了提高热机效率的途径。因为卡诺循环的效率 $\eta = 1 - \dfrac{T_2}{T_1}$ 是工作在温度为 T_1 和 T_2 的两个热源间所有热机的极限效率，因此要提高热机的效率，首先必须增大高、低温热源之间的温度差。实际上，一般热机总是以周围环境作为低温热源，所以只有提高高温热源的温度是可行的。除此之外，还要尽可能减小热机循环的不可逆性，也就是减少摩擦、漏气等耗散因素。

9.5.2 卡诺定理的证明

（1）在同样高低温热源之间工作的一切可逆机，不论用什么工作物质，它们的效率均等于 $\left(1 - \dfrac{T_2}{T_1}\right)$。

设有两热源：高温热源，温度为 T_1；低温热源，温度为 T_2。一卡诺理想可逆机 E_1 与另一可逆机 E_2（不论用什么工作物质）在此两热源之间工作，设法调节使两热机可做相等的功 W。现在使两机结合，由可逆机 E_2 从高温热源吸取热量 Q_1，向低温热源放出热量 $Q_2 = Q_1 - W$，它的效率为 $\eta_1 = \dfrac{W}{Q_1}$。可逆机 E_2 所做的功 W 恰好供给卡诺机 E_1，而使 E_1 逆向进行，从低温热源吸取热量 $Q_4 = Q_3 - W$，向高温热源放出热量 Q_3，卡诺机效率为 $\eta_2 = \dfrac{W}{Q_3}$。我们试用

反证法，先假设 $\eta_2 > \eta_1$。由

$$\frac{W}{Q_3} > \frac{W}{Q_1} \Rightarrow Q_3 < Q_1$$

由

$$Q_1 - Q_2 = Q_3 - Q_4 \Rightarrow Q_4 < Q_2$$

在两机一起运行时，可把它们看作一部复合机，结果成为外界没有对该复合机做功，而复合机却能将热量从低温热源送至高温热源，这就违反了热力学第二定律。

反之，使卡诺机 E_1 正向运行，而使可逆机 E_2 逆向运行，则又可证明 $\eta_1 > \eta_2$ 不可能，即 $\eta_1 \leqslant \eta_2$。从上述两个结果中可知 $\eta_2 > \eta_1$ 或 $\eta_1 > \eta_2$ 均不可能，只有 $\eta_1 = \eta_2$ 才成立。再考虑到以理想气体为工作物质的卡诺热机的效率为 $1 - \dfrac{T_2}{T_1}$，所以结论是，在相同的 T_1 和 T_2 两温度的高低温热源间工作的一切可逆机，其效率均等于 $1 - \dfrac{T_2}{T_1}$。

（2）在同样的高温热源和同样的低温热源之间工作的不可逆机，其效率不可能高于可逆机。

如果用一台不可逆机 E_3 来代替面所说的 E_2，按同样方法，我们可以证明 $\eta_3 > \eta_1$ 为不可能，即只有 $\eta_1 \geqslant \eta_3$。由于 E_3 是不可逆机，因此无法证明 $\eta_1 \leqslant \eta_3$。

所以结论是 $\eta_1 \geqslant \eta_3$，也就是说，在相同的 T_1 和 T_2 两温度的高低温热源间工作的不可逆机，它的效率不可能大于可逆机的效率。

9.5.3　熵

根据克劳修斯不等式可以引入热力学中一个非常重要的态函数——熵。

设系统从初态 A 经任意两个可逆过程 C、C' 到达末态 B，如图 9-16 所示。只要让两个可逆过程之一逆向进行就可构成一个可逆循环。根据克劳修斯不等式，取等号有

$$\oint \frac{\mathrm{d}Q}{T} = \int_A^B \frac{\mathrm{d}Q_C}{T} + \int_B^A \frac{\mathrm{d}Q_{C'}}{T} = 0$$

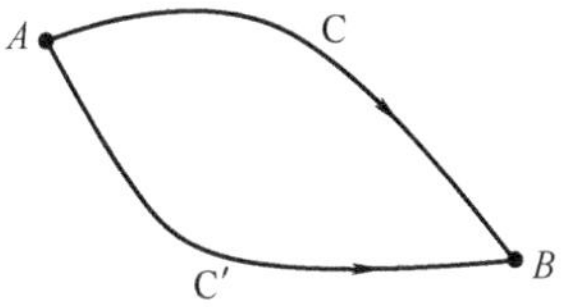

因此

$$\int_A^B \frac{\mathrm{d}Q_C}{T} = -\int_B^A \frac{\mathrm{d}Q_{C'}}{T} = \int_A^B \frac{\mathrm{d}Q_{C'}}{T}$$

图 9-16　初、末态都相同的两个过程

上式表明，由初态 A 经两个不同的可逆过程 C、C' 到终态 B 的积分 $\int_A^B \dfrac{\mathrm{d}Q}{T}$ 的值相等。注意 C、C' 是由 A 态到 B 态的任意两个可逆过程，这说明在初、末态给定后，积分 $\int_A^B \dfrac{\mathrm{d}Q}{T}$ 与可逆过程的路径无关。克劳修斯根据这个性质引入一个态函数——熵。定义

$$\Delta S = S_B - S_A = \int_A^B \frac{\mathrm{d}Q}{T} \tag{9-30}$$

为状态 A 到状态 B 的熵增量。式中，S_A、S_B 表示系统在平衡态 A 和 B 的熵，积分沿由初态到末态的任意可逆过程进行。熵的单位是 $J \cdot K^{-1}$。

从熵的定义，可以看出熵具有如下性质：

（1）熵是一个广延量。均匀系统的热力学量可分成两类：一类与系统的质量或物质的量成正比（如内能、体积等），称为广延量；另一类与系统的质量或物质的量无关（如温度、压强等），称为强度量。由于系统在过程中吸收的热量与系统的质量或物质的量成正比，因此熵是广延量。广延量的重要性质是其可加性，即如果某系统由熵分别为 S_1 和 S_2 的两个子系统组成，则该系统的熵为

$$S = S_1 + S_2$$

（2）熵是态函数。由于式（9-30）中的积分与具体的可逆过程无关，所以只要确定了初态 A 和末态 B，它们的熵差就完全确定了。一个状态的熵是其状态参量的函数，它由状态确定，与通过什么过程到达此状态无关。

对于可逆过程，可以直接用式（9-30）计算过程的熵差。但如果系统由某一平衡态 A 经过一个不可逆过程到达另一平衡态 B，怎样计算熵差呢？这时，可以设计一个由 A 到 B 的可逆过程并用式（9-30）计算。

设系统经不可逆过程由初态 A 到终态 B。现在设想系统经过一个可逆过程由状态 B 回到状态 A。这个设想的过程与系统原来的过程合起来构成一个循环过程，根据克劳修斯不等式，并结合式（9-30），有

$$\oint \frac{dQ}{T} = \left(\int_A^B \frac{dQ}{T} \right)_{不可逆} + S_A - S_B < 0$$

于是

$$\Delta S = S_B - S_A > \left(\int_A^B \frac{dQ}{T} \right)_{不可逆} \tag{9-31}$$

结合式（9-30）和式（9-31）有

$$\Delta S \geqslant \int_A^B \frac{dQ}{T} \tag{9-32}$$

式中的积分可以沿从 A 到 B 的任意过程进行，等号适用于可逆过程，大于号适用于不可逆过程。特别是当系统经绝热过程由一个平衡态到达另一个平衡态时，上式中的积分恒为零，因此有 $\Delta S \geqslant 0$。如果过程可逆，熵不变；如果过程不可逆，熵增加。这个结论叫作熵增加原理。根据熵增加原理可以判断绝热过程自发进行的方向：可逆绝热过程总是沿等熵线进行，不可逆绝热过程总是向着熵增加的方向进行。

对于无穷小的过程，式（9-31）可以写成微分形式

$$dS \geqslant \frac{dQ}{T} \tag{9-33}$$

由热力学第一定律，对于闭系，仅有体积功时

$$dQ = dE + pdV$$

代入式（9-33）得

$$TdS \geqslant dE + pdV \tag{9-34}$$

可逆过程取等号，不可逆过程取大于号。

熵是广延量，除了与体积和内能有关以外，还与粒子数成正比。所以对于开系，熵函数应写作

$$S = (E, N, V) \tag{9-35}$$

式中，N 为系统所包含的粒子数。将式（9-34）推广到开系，写成

$$TdS \geqslant dE + pdV - \mu dN \tag{9-36}$$

的形式。式中，等号仅对可逆过程成立；μ 称为化学势。式（9-36）右边第三项不为零时表示系统与外界有粒子交换，原因是系统与外界存在化学势的差异。μ 的定义式为

$$\mu = -T \left(\frac{\partial S}{\partial N} \right) \tag{9-37}$$

它是系统在内能和体积都不变的情况下，每增加一个粒子熵的减少量与系统温度的乘积。

　　实际应用中，为了利用熵判断系统自发过程的方向，我们只关心系统熵的变化而并不在意熵的绝对值。虽然可以设想任一可逆过程连接初态和终态，然后根据熵的定义来计算熵变，但这要涉及具体的过程。利用熵是态函数这一性质，只要知道系统的熵有关状态参量的函数表达式，就可以将初态和终态的状态参量代入熵函数中方便地计算出熵的变化。为此，设想任意可逆过程，式（9-36）取等号，有

$$TdS = dE + pdV - \mu dN \tag{9-38}$$

从上式出发，可以求出一个系统的熵与其状态参量间的函数关系。

　　例 9-6　今有 1kg、0℃的冰融化成 0℃的水，求其熵变（设冰的熔解热为 $3.35 \times 10^5 \mathrm{J \cdot kg^{-1}}$）。

　　解：在这个过程中，温度保持不变，即 $T = 273\mathrm{K}$。计算时设冰从 0℃的恒温热源中吸热，过程是可逆的，则

$$S_{水} - S_{冰} = \int_1^2 \frac{dQ}{T} = \frac{Q}{T} = \frac{1 \times 3.35 \times 10^5}{273} \mathrm{J \cdot K^{-1}} \approx 1.23 \times 10^3 \mathrm{J \cdot K^{-1}}$$

　　在实际熔解过程中，冰须从高于 0℃的环境中吸热。冰增加的熵超过环境损失的熵，所以，若将系统和环境作为一个整体来看，在这过程中熵也是增加的。

　　如让这个过程反向进行，使水结成冰，将要向低于 0℃的环境放热。对于这样的系统，同样导致熵的增加。

习　题

　　9-1　1mol 单原子理想气体从 300K 加热至 350K，（1）容积保持不变，（2）压强保持不变，问在这两过程中各吸收了多少热量？增加了多少内能？对外做了多少功？

　　9-2　在 1g 氮气中加进 1J 的热量，若氮气压强并无变化，它的初始温度为 200K，求它的温度升高多少？

　　9-3　压强为 $1.0 \times 10^5 \mathrm{Pa}$、体积为 $0.0082\mathrm{m}^3$ 的氮气，从初始温度 300K 加热到 400K，如加热时（1）体积不变，（2）压强不变，问各需热量多少？哪一个过程所需热量大？为什么？

　　9-4　2mol 氮气，在温度为 300K、压强为 $1.0 \times 10^5 \mathrm{Pa}$ 时，等温地压缩到 $2.0 \times 10^5 \mathrm{Pa}$。求气体放出的热量。

　　9-5　将 500J 的热量传给标准状态下 2mol 的氢，（1）若体积不变，问此热量变成什么？氢的温度变为多少？（2）若温度不变，问此热量变成什么？氢的压强及体积各变成多少？（3）若压强不变，问此热量变成什么？氢的温度及体积各变为多少？

　　9-6　1mol 氢，在压强为 $1.0 \times 10^5 \mathrm{Pa}$、温度为 20℃时，其体积为 V_0。今使它经以下两种过程达同一状态：（1）先保持体积不变，加热使其温度升高到 80℃，然后令它做等温膨胀，体积变为原体积的 2

倍；（2）先使它做等温膨胀至原体积的2倍，然后保持体积不变，加热到80℃。试分别计算以上两种过程中吸收的热量，气体对外做的功和内能的增量。

9-7 气缸内有单原子理想气体，若绝热压缩使其体积减半，问气体分子的平均速率变为原来速率的几倍？若为双原子理想气体，又为几倍？

9-8 一高压容器中含有未知气体，可能是 N_2 或 Ar。在 298K 时取出试样，从 $5×10^{-3}m^3$ 绝热膨胀到 $6×10^{-3}m^3$，温度降到 277K。试判断容器中是什么气体？

9-9 容积为 20.0L 的瓶子以速率 $v=200m·s^{-1}$ 匀速运动，瓶子中充有质量为 100g 的氦气。设瓶子突然停止，且气体分子全部定向运动的动能都变为热运动动能，瓶子与外界没有热量交换。求热平衡后氦气的温度、压强、内能及氦气分子的平均动能各增加多少？

9-10 将理想气体进行（1）等温压缩，（2）绝热压缩，求相应的体积弹性模量 $k_T=-V(\partial p/\partial V)_T$，$k_{绝热}=-V(\partial p/\partial V)_{绝热}$。设气体的比热比 $C_{p,m}/C_{V,m}=\gamma$。

9-11 1mol 理想气体在 400K 与 300K 之间完成一卡诺循环，在 400K 的等温线上，起始体积为 $0.0010m^3$，最后体积为 $0.0050m^3$，计算气体在此循环中所做的功，以及从高温热源吸收的热量和传给低温热源的热量。

9-12 一热机在 1000K 和 300K 的两热源之间工作。如果（1）高温热源提高到 1100K；（2）低温热源降到 200K，求理论上的热机效率各增加多少？为了提高热机效率哪一种方案更好？

9-13 两部可逆机串联起来，如图 9-17 所示，可逆机 1 工作于温度为 T_1 的热源 1 与温度为 $T_2=400K$ 的热源 2 之间。可逆机 2 吸入可逆机 1 放给热源 2 的热量，转而放热给 $T_3=300K$ 的热源 3。在（1）两部热机效率相等；（2）两部热机做功相等的情况下求 T_1。

9-14 一热机每秒从高温热源（$T_1=600K$）吸取热量 $Q_1=3.34×10^4J$，做功后向低温热源（$T_2=300K$）放出热量 $Q_2=2.09×10^4J$。（1）它的效率是多少？它是不是可逆机？（2）如果尽可能地提高了热机的效率，每秒从高温热源吸热 $3.34×10^4J$，则每秒最多能做多少功？

9-15 一绝热容器被铜片分成两部分，一边盛80℃的水，另一边盛20℃的水，经过一段时间后，从热的一边向冷的一边传递了 4186J 的热量，问在这个过程中的熵变是多少？假定水足够多，传递热量后的温度没有明显变化。

9-16 把质量为5kg、比热容（单位质量物质的热容）为 544J·kg^{-1}·K^{-1} 的铁棒加热到300℃，然后浸入一大桶27℃的水中。求在此冷却过程中铁的熵变。

9-17 将一块−20℃、10g的冰放进30℃、100g的水里，试求熵的变化。已知：冰的比热容为 $20.4×10^2J·kg^{-1}·K^{-1}$，熔解热为 $3.34×10^5J·kg^{-1}·K^{-1}$，水的比热容为 $4.19×10^3J·kg^{-1}·K^{-1}$。

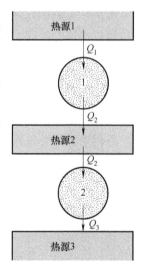

图 9-17 习题 9-13 图

第 10 章

振动与波动

机械振动是指物体在平衡位置附近所做的往复运动。机械振动中最简单、最基本的形式是简谐振动。本章主要研究简谐振动的特征、描述方法、能量及合成等内容，并在简谐振动知识基础之上，讨论一般振动的基本性质和规律。

10.1 简谐振动的特征

机械振动中最简单的形式是简谐振动。可以证明，自然界中各种复杂的振动都可以表示为简谐振动的合成，所以研究简谐振动是分析和理解一切复杂振动的基础。本节以弹簧振子为例，研究简谐振动的动力学特征、运动学特征和能量特征。

10.1.1 简谐振动的定义

大多数动力学系统中的质点都有各自的平衡位置。在这种系统中，当其中的一个质点受到外界扰动，离开自己的平衡位置后，就会受到其他质点对它的作用，使它回到自身的平衡位置，这种作用力的特点是：力的方向始终指向平衡位置，一般称这种力为回复力；如果回复力的大小又与位移成正比，那么这种力就称为线性回复力。物体在线性回复力的作用下产生的运动形式称为**简谐振动**。研究表明，做简谐振动的物体在运动时，物体相对平衡位置的位移随时间按余弦（或正弦）规律变化。

下面以最基本的简谐振动系统——弹簧振子（又称谐振子）为例，分析简谐振动的特征。一轻质弹簧一端固定，另一端连接一个可自由运动的物体，就构成一个弹簧振子，如图 10-1 所示。设置于光滑水平面上的轻弹簧其劲度系数为 k，物体的质量为 m（可视为质点），以平衡位置（平衡位置为物体受力平衡处）为原点建立坐标，弹簧伸长方向为 x 轴正方向。移动物体使弹簧拉长或压缩，然后释放，由于水平面光滑，物体在弹簧弹性力作用下，将沿着 x 轴在 O 点附近做往复运动，可以证明物体所做的运动是简谐振动。

10.1.2 简谐振动的动力学特征

如图 10-1 所示，当物体运动到任一位移 x 处时，根据胡克定律，在弹簧的弹性限度内，物体所受的弹性力大小与位移成正比，方向与位移相反，所以物体受力为

$$f = -kx$$

式中，负号表示力的方向与位移方向相反。由此式可知，物体在运动过程中受力满足线性回

复力的条件，物体做简谐振动。

根据牛顿运动第二定律，对质量为 m 的物体有

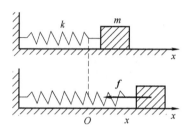

$$f = ma = m\frac{\mathrm{d}^2 x}{\mathrm{d}t^2} = -kx \qquad (10\text{-}1)$$

经整理得

$$\frac{\mathrm{d}^2 x}{\mathrm{d}t^2} + \frac{k}{m}x = 0$$

在式（10-1）中，令 $\omega^2 = \dfrac{k}{m}$（ω 有其特殊的物理意义，

在后面的学习中会介绍），则有

图 10-1　弹簧振子

$$\frac{\mathrm{d}^2 x}{\mathrm{d}t^2} + \omega^2 x = 0 \qquad (10\text{-}2)$$

式（10-2）称为简谐振动的动力学特征方程。若某系统的运动规律满足此方程，便说该系统做简谐振动。

例 10-1　一根劲度系数为 k 的轻质弹簧一端固定，另一端悬挂一质量为 m 的物体，如图 10-2 所示，开始时用手将物体托住，使弹簧处于原长状态。然后突然把手撤去，物体将运动起来。试判断此物体的运动是否是简谐振动。

分析：当突然撤去手时物体将向下运动，物体受力如图 10-2 所示。开始阶段重力大于弹簧的弹力，物体加速向下运动，弹簧伸长；随着弹簧逐渐伸长，弹力逐渐增大，当重力和弹力相等时，物体运动的速度达到最大，弹簧与物体相连的一端所处的位置即为平衡位置；在平衡位置物体受力平衡，但由于惯性，物体将继续向下运动，弹簧进一步伸长，此时弹力大于物体的重力，物体的速度逐渐减小，当物体速度为零时弹簧达到最大伸长；在此之后，由于弹力大于重力，物体会加速上升至平衡位置，再减速到达最高点，之后再加速下降到平衡位置……如此往复。运动过程中，物体是否做简谐振

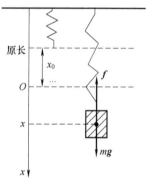

图 10-2　例 10-1 图

动，关键看物体受力是否满足线性回复力的特征，能否建立简谐振动的动力学特征方程。

解：以平衡位置为坐标原点，以向下为 x 轴的正方向，建立坐标如图 10-2 所示。在任意一位置 x 处，物体所受的合外力为

$$F_{合} = mg - k(x + x_0)$$

式中，x_0 为物体在平衡位置时弹簧的伸长量，应有 $mg = kx_0$，代入上式，可得

$$F_{合} = -kx$$

可见，物体受力满足线性回复力的特征。

又根据牛顿运动第二定律

$$F_{合} = ma \quad 及 \quad a = \frac{\mathrm{d}^2 x}{\mathrm{d}t^2},$$

则对物体有

$$-kx = ma = m\frac{\mathrm{d}^2 x}{\mathrm{d}t^2}$$

代入上式并整理得

$$\frac{\mathrm{d}^2 x}{\mathrm{d}t^2} + \frac{k}{m}x = 0$$

此方程与简谐振动的动力学特征方程一致，所以此物体在平衡位置上下做简谐振动。

10.1.3　简谐振动的运动学特征

式（10-2）是一个二阶线性微分方程，求解此方程（过程从略），可得到简谐振动的运动学特征方程

$$x = A\cos(\omega t + \varphi_0) \tag{10-3}$$

此式简称简谐振动方程，或称其为简谐振动表达式（除特别说明外，本书均采用余弦形式）。式中的 φ_0 一般取值为 $-\pi \sim +\pi$。

将式（10-3）对时间 t 求一阶、二阶导数，可分别得出简谐振动物体的速度表达式和加速度表达式，即

$$v = -A\omega\sin(\omega t + \varphi_0) = -v_{\mathrm{m}}\sin(\omega t + \varphi_0) \tag{10-4}$$

$$a = -A\omega^2\cos(\omega t + \varphi_0) = -a_{\mathrm{m}}\cos(\omega t + \varphi_0) \tag{10-5}$$

式中，$v_{\mathrm{m}} = A\omega$ 为速度最大值，称为速度振幅；$a_{\mathrm{m}} = A\omega^2$ 为加速度最大值，称为加速度振幅。

由以上三个表达式可知，做简谐振动的物体的位置、速度和加速度都随时间做周期性变化。比较三个表达式可知，做简谐振动的物体其位置达最大位移处时，速度最小，加速度最大；而速度最大时，物体处于平衡位置，加速度为零。比较式（10-3）和式（10-5）可知，做简谐振动物体的加速度 a 和位置 x 之间有如下关系：

$$a = -\omega^2 x \tag{10-6}$$

例 10-2　已知一简谐振动的振动表达式为 $x = 0.4\cos\left(2\pi t + \dfrac{\pi}{3}\right)$ m。试求：（1）位移随时间变化的关系曲线（x-t 曲线）；（2）速度表达式、速度最大值、并画 v-t 曲线；（3）加速度表达式、加速度最大值、并画出 a-t 曲线。

解：（1）由振动表达式 $x = 0.4\cos\left(2\pi t + \dfrac{\pi}{3}\right)$ m 可知，振幅为 $A = 0.4$m、周期为 $T = 1$s；当 $t = 0$ 时，$x = 0.2$m，则曲线与 x 轴交点为 $x = 0.2$m；随着时间的增加 $\varphi = \left(2\pi t + \dfrac{\pi}{3}\right)$ 也在增加，余弦函数在第一象限随角度的增加而减小，因而，x 的值随 t 的增加而减小，x-t 曲线如图 10-3a 所示。

（2）速度表达式为

$$v = \frac{\mathrm{d}x}{\mathrm{d}t} = -0.4 \times 2\pi\,\sin\left(2\pi t + \frac{\pi}{3}\right) \mathrm{m \cdot s^{-1}}$$

速度最大值为 $v_{\mathrm{m}} = 0.8\pi\ \mathrm{m \cdot s^{-1}}$。

按照上述步骤可画出 v-t 曲线如图 10-3b 所示。

（3）加速度表达式为

$$a = \frac{\mathrm{d}v}{\mathrm{d}t} = -0.4 \times 2\pi^2\cos\left(2\pi t + \frac{\pi}{3}\right) = -1.6\pi^2\cos\left(2\pi t + \frac{\pi}{3}\right) \mathrm{m \cdot s^{-2}}$$

加速度最大值为 $a_m = 1.6\pi^2 \text{m} \cdot \text{s}^{-2}$。

按照上述步骤可画出 a-t 曲线如图 10-3c 所示。

备注：根据表达式作曲线的步骤分为三步。

（1）建立坐标系，标出振幅和周期；

（2）求 $t = 0$ 时的 x（或 v、a）值，作出曲线与纵轴交点；

（3）根据时间的增加及余弦函数特点，判断 x（或 v、a）值随时间增加而变化的情况，进而确定曲线的弯曲方向。作出一个完整周期的函数曲线，标好周期值即可。

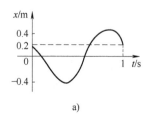 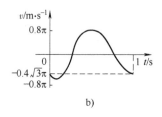 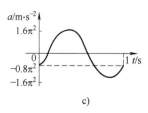

图 10-3　例 10-2 图

10.1.4　简谐振动的能量特征

做简谐振动的系统，由于物体运动而具有动能，由于弹簧形变而具有弹性势能，下面仍以水平放置的弹簧振子为例，讨论简谐振动系统的能量特征。

1. 简谐振动系统的动能 E_k

设物体的质量为 m，根据物体的速度表达式

$$v = -A\omega\sin(\omega t + \varphi_0)$$

可知，物体的动能为

$$E_k = \frac{1}{2}mv^2 = \frac{1}{2}mA^2\omega^2\sin^2(\omega t + \varphi_0)$$

考虑到 $\omega^2 = \dfrac{k}{m}$（由弹簧振子系统的固有条件决定），上式可改写为

$$E_k = \frac{1}{2}mv^2 = \frac{1}{2}kA^2\sin^2(\omega t + \varphi_0) \tag{10-7}$$

可见，物体的动能是随时间周期性变化的。动能的最大值为 $E_{k,max} = \dfrac{1}{2}kA^2$，当动能取得最大值时，物体处于平衡位置；动能的最小值 $E_{k,min} = 0$，当动能取得最小值时，物体处于两侧的最大位移处。此规律虽然由弹簧振子系统得来，可以证明，其他简谐振动系统的动能也有此特点。

2. 简谐振动系统的势能 E_p

取平衡位置（也是弹簧原长时自由端所在处）为势能零点，则简谐振动系统的势能为

$$E_p = \frac{1}{2}kx^2 = \frac{1}{2}kA^2\cos^2(\omega t + \varphi_0) \tag{10-8}$$

可见，系统的势能也是随时间周期性变化的。势能的最大值为 $E_{p,max} = \dfrac{1}{2}kA^2$，当势能取

得最大值时，弹簧的形变最大，物体处于两侧的最大位移处；势能的最小值为 $E_{p,min}=0$，当势能取得最小值时，弹簧的形变为零，物体处于平衡位置处。同样此势能特征也可以推广至其他任意简谐振动系统。

3. 简谐振动系统的总能量 E

任意一时刻，简谐振动系统总的机械能为

$$E = E_k + E_p = \frac{1}{2}kA^2\cos^2(\omega t+\varphi_0) + \frac{1}{2}kA^2\sin^2(\omega t+\varphi_0)$$

整理有

$$E = \frac{1}{2}kA^2\left[\sin^2(\omega t+\varphi_0) + \cos^2(\omega t+\varphi_0)\right] = \frac{1}{2}kA^2 \tag{10-9}$$

由此可见，在简谐振动过程中物体的动能和系统的弹性势能随时改变，但系统的总机械能恒定不变。

系统的机械能守恒也可以从另一个角度给予说明：弹簧振子系统在物体往返运动过程中，弹簧与物体组成的系统仅有弹力做功，弹力是保守内力，因而系统机械能是守恒的。当物体由平衡位置向两侧运动时，物体的速度逐渐减小，相应的动能逐渐减小，而随着位移的增加，弹簧的势能逐渐增加，即由平衡位置向两侧运动的过程是动能逐渐向势能转化的过程。当物体运动到最大位移处时，系统势能最大，物体的速度为零，动能为零；当物体由两侧向平衡位置运动时，物体的速度逐渐增大，相应的动能逐渐增大，而随着位移的减小，弹簧的弹性势能逐渐减小，即由两侧向平衡位置运动的过程是势能逐渐向动能转化的过程。当物体运动到平衡位置时，物体速度最大，动能最大，弹簧处于原长状态，则系统势能为零。

由于简谐振动的总机械能恒定，所以在振动过程中，一个主要外在体现就是振幅保持不变。以上结论虽然是由水平放置的弹簧振子的振动系统中得出的，但可以证明它适用于所有孤立的简谐振动系统。

例 10-3　质量为 0.10kg 的物体，以振幅 1.0×10^{-2} m 做简谐振动，其最大加速度为 $4.0\mathrm{m\cdot s^{-2}}$。试求：（1）振动的周期；（2）通过平衡位置时的动能；（3）总机械能；（4）物体在何处其动能和势能相等。

解：（1）根据 $a_{max}=A\omega^2$，有

$$\omega = \sqrt{\frac{a_{max}}{A}} = \sqrt{4/(1\times10^{-2})}\,\mathrm{rad\cdot s^{-1}} = 20\mathrm{rad\cdot s^{-1}}$$

则振动周期为

$$T = \frac{2\pi}{\omega} = 0.314\mathrm{s}$$

（2）通过平衡位置时物体的速度最大，动能取得最大值，即

$$E_{k,max} = \frac{1}{2}mv_{max}^2 = \frac{1}{2}mA^2\omega^2 = \frac{1}{2}\times[0.1\times(1.0\times10^{-2})^2\times20^2]\mathrm{J} = 2.0\times10^{-3}\mathrm{J}$$

（3）通过平衡位置时动能最大，势能为零，总机械能

$$E = E_{k,max} = 2.0\times10^{-3}\mathrm{J}$$

（4）根据 $E_k=E_p$ 及 $E=E_k+E_p$，有

$$E_p = \frac{1}{2}E$$

由于 $E = \frac{1}{2}kA^2$ 及 $E_p = \frac{1}{2}kx^2$，有

$$\frac{1}{2}kx^2 = \frac{1}{2} \cdot \frac{1}{2}kA^2$$

解方程得

$$x = \pm\frac{\sqrt{2}}{2}A \approx \pm 0.707 \times 10^{-2} \text{ m}$$

10.2 描述简谐振动的物理量

从简谐振动的振动表达式 $x = A\cos(\omega t + \varphi_0)$ 可以看出，描述简谐振动的物理量共有以下几个。

10.2.1 振幅

根据简谐振动的振动表达式 $x = A\cos(\omega t + \varphi_0)$ 及余弦函数的最大值为 1 可知，运动中所能达到的最大位移的绝对值为 A，因而振动表达式中的 A 值能够描述物体振动的强弱，称此值为振幅，即我们称物体偏离平衡位置的最大距离为**振幅**，用 A 表示。

10.2.2 周期和频率

物体在振动过程中，运动状态第一次与初状态完全相同时，称物体完成了一次全振动。物体完成一次全振动所需要的时间称为振动的**周期**，用 T 表示。物体在单位时间内完成全振动的次数称为**频率**，用 ν 表示。

根据振动表达式 $x = A\cos(\omega t + \varphi_0)$ 以及余弦函数的周期为 2π，有 $\omega T = 2\pi$，简谐振动的周期为

$$T = \frac{2\pi}{\omega} \tag{10-10}$$

根据周期与频率的关系 $T = \frac{1}{\nu}$，可得

$$\nu = \frac{\omega}{2\pi} \tag{10-11}$$

根据式（10-11）可知，$\omega = 2\pi\nu$，可见振动表达式中的 ω 是一个与频率相关的物理量，由于其处于余弦函数的角量位置，所以 ω 称为**角频率**，单位为 $\text{rad} \cdot \text{s}^{-1}$。角频率 ω 等于 2π 时间内物体完成全振动的次数。

例 10-4 已知物体沿 x 轴方向做简谐振动，其振动达式为 $x = 0.5\cos\left(2t + \frac{\pi}{3}\right)$，$x$ 以 m 为单位，t 以 s 为单位。试求振动的周期、频率和振幅。

解： 由简谐振动表达式的标准形式 $x = A\cos(\omega t + \varphi_0)$ 可知，此振动的振幅为 $A = 0.5\text{m}$，角频率 $\omega = 2\text{rad} \cdot \text{s}^{-1}$。

由式（10-10）可知，周期为

$$T = \frac{2\pi}{\omega} = \frac{2\pi}{2} = \pi \text{ s}$$

由式（10-11）可知，频率为

$$\nu = \frac{\omega}{2\pi} = \frac{1}{\pi} \text{ Hz}$$

10.2.3　相位和相位差

由式（10-3）、式（10-4）和式（10-5）可知，当振幅 A 为定值时，描述简谐振动物体运动状态的物理量——位移、速度和加速度均由三角函数的角量（$\omega t + \varphi_0$）来决定，我们称这个角量为**相位**，用 φ 表示。相位 φ 也是描述物体运动状态的物理量，且采用相位来描述振动物体的运动状态十分简便，由位移、速度和加速度表达式可以看出，不同的相位对应不同的运动状态，但当相位相差 2π 或 2π 的整数倍时，对应的两运动状态完全相同，这体现出振动的周期性特征。

$t = 0$ 时刻的相位称为初相位，简称初相，用 φ_0 表示。初相位 φ_0 是描述质点在初始时刻运动状态的物理量，初相位 φ_0 与人为选定的计时起点有关。

两个振动的相位之差称为**相位差**。相位差的概念在比较两个同频率简谐振动的步调时非常便利。设有两个同频率的简谐振动

$$x_1 = A_1 \cos(\omega t + \varphi_{10})$$
$$x_2 = A_2 \cos(\omega t + \varphi_{20})$$

则两简谐振动的相位差为

$$\Delta \varphi = (\omega t + \varphi_{20}) - (\omega t + \varphi_{10}) = \varphi_{20} - \varphi_{10}$$

当 $\Delta \varphi = 0$（或 2π 的整数倍）时，两振动物体步调完全一致，称两简谐振动同相位；当 $\Delta \varphi = \pi$（或 π 的奇数倍）时，两振动步调完全反，称两简谐振动反相；当 $\Delta \varphi$ 为其他值时，一般说两者不同相，若 $\Delta \varphi = \varphi_{20} - \varphi_{10} > 0$，说 x_2 振动超前 x_1 振动 $\Delta \varphi$，或者说 x_1 振动落后 x_2 振动 $\Delta \varphi$；若 $\Delta \varphi = \varphi_{20} - \varphi_{10} < 0$，说 x_2 振动落后 x_1 振动 $|\Delta \varphi|$，或者说 x_1 振动超前 x_2 振动 $|\Delta \varphi|$。通常把 $|\Delta \varphi|$ 的值限定在 $0 \sim \pi$ 范围内。

例 10-5　已知物体沿 x 轴方向做简谐振动，表达式为 $x_1 = 0.5\cos\left(2t + \dfrac{\pi}{3}\right)$，$x$ 以 m 为单位，t 以 s 为单位。试求：（1）初相位及 $t = 2\text{s}$ 时的相位；（2）若有另一简谐振动的表达式为 $x_2 = 0.5\cos\left(2t - \dfrac{\pi}{3}\right)$，求两简谐振动的相位差。

解：（1）由振动表达式可知初相位为 $\varphi_{10} = \dfrac{\pi}{3}$。

根据振动表达式中相位 $\varphi = 2t + \dfrac{\pi}{3}$ 及 $t = 2\text{s}$，可得此时相位为

$$\varphi = 2t + \frac{\pi}{3} = \left(2 \times 2 + \frac{\pi}{3}\right) \text{ rad} = \left(4 + \frac{\pi}{3}\right) \text{ rad}$$

（2）由两个简谐振动的表达式可知，这两个简谐振动同频率，初相位分别为 $\varphi_{10} = \dfrac{\pi}{3}$、

$\varphi_{20} = -\dfrac{\pi}{3}$，则两简谐振动的相位差为

$$\Delta\varphi = \varphi_{20} - \varphi_{10} = -\frac{\pi}{3} - \frac{\pi}{3} = -\frac{2}{3}\pi$$

$\Delta\varphi < 0$，说明 x_2 振动落后 x_1 振动 $\dfrac{2}{3}\pi$，或者说 x_1 振动超前 x_2 振动 $\dfrac{2}{3}\pi$。

10.2.4　振幅和初相位的求法

若初始时物体的位置及速度分别为 x_0、v_0，根据简谐振动的表式 $x = A\cos(\omega t + \varphi_0)$ 和速度表达式 $v = -A\omega\sin(\omega t + \varphi_0)$，以及 $t = 0$ 可得

$$\begin{cases} x_0 = A\cos\varphi_0 \\ v_0 = -A\omega\sin\varphi_0 \end{cases}$$

求解上述方程组，不难看出

$$A = \sqrt{x_0^2 + \left(\frac{v_0}{\omega}\right)^2} \tag{10-12}$$

$$\varphi_0 = \arccos\frac{x_0}{A} \tag{10-13}$$

可见，振幅和初相位由初始条件（x_0，v_0）决定。

必须注意，由于 φ_0 取值范围一般在 $-\pi \sim +\pi$，所根据式（10-13）求得的 φ_0 可能有两个值，而初相位仅能有一个值，因此必须对两个 φ_0 值进行取舍。具体的方法为：将 φ_0 的两个值分别代入 $v_0 = -A\omega\sin\varphi_0$ 中，比较所得 v_0 的正负与已知情况（v_0 方向沿 x 轴正向则为正，反之则为负）是否一致，从而决定 φ_0 值的取舍，一致者为所求。

例 10-6　一个理想的弹簧振子系统，弹簧的劲度系数 $k = 0.72\text{N} \cdot \text{m}^{-1}$，振子的质量为 0.02kg。在 $t = 0$ 时，振子在 $x_0 = 0.05\text{m}$ 处，初速度为 $v_0 = 0.30\text{m} \cdot \text{s}^{-1}$，且沿着 x 轴正向运动。

试求：（1）振子的振动表达式；（2）振子在 $t = \dfrac{\pi}{4}\text{s}$ 时的速度和加速度。

解：（1）设振子的振动表达式为

$$x = A\cos(\omega t + \varphi_0)$$

根据弹簧振子振动系统的固有条件，可求得角频率

$$\omega = \sqrt{\frac{k}{m}} = 6.0\text{rad} \cdot \text{s}^{-1}$$

由 $x_0 = 0.05\text{m}$、$v_0 = 0.30\text{m} \cdot \text{s}^{-1}$ 及式（10-12）可得振幅

$$A = \sqrt{x_0^2 + \left(\frac{v_0}{\omega}\right)^2} = 0.07\text{m}$$

$$\varphi_0 = \arccos\frac{x_0}{A} = \arccos\frac{0.05}{0.07} = \pm\frac{\pi}{4}$$

将初相位 $\varphi_0 = \pm\dfrac{\pi}{4}$ 分别代回到 $v_0 = -A\omega\sin\varphi_0$ 中。由于在 $t = 0$ 时，质点沿 x 轴正向运动，

即 $v_0 > 0$，所以只有 $\varphi_0 = -\dfrac{\pi}{4}$ 满足要求，于是所求的振动表达式为

$$x = 0.07\cos\left(6t - \frac{\pi}{4}\right)\text{m}$$

（2）当 $t = \dfrac{\pi}{4}$ s 时，振子的相位为

$$\varphi = \omega t + \varphi_0 = \frac{5}{4}\pi$$

将相位值分别代入速度及加速度表达式，可得振子的速度和加速度分别为

$$v_0 = -A\omega\sin\varphi_0 = \left(-0.07 \times 6 \times \sin\frac{5}{4}\pi\right)\text{m} \cdot \text{s}^{-1} = 0.297\text{m} \cdot \text{s}^{-1}$$

$$a = -A\omega^2\cos\varphi_0 = \left(-0.07 \times 6^2 \times \cos\frac{5}{4}\pi\right)\text{m} \cdot \text{s}^{-2} = 1.78\text{m} \cdot \text{s}^{-2}$$

10.3　简谐振动的描述方法

简谐振动的描述方法常用的有三种，即解析法、振曲线法、旋转矢量图示法。本节主要介绍这三种方法及彼此之间的转换关系。

10.3.1　解析法

用位置随时间的变化关系式——振动表达式 $x = A\cos(\omega t + \varphi_0)$ 描述简谐振动的方法称为解析法。由振动表达式可以得出描述简谐振动的三个物理量 A、ω、φ，也可以得出任意一个时刻物体的位置、速度和加速度，即物体任意时刻的运动状态可知，可见，用振动表达式可以描述一个简谐振动的情况。若用周期和频率表示，则振动表达式还可写为

$$x = A\cos\left(\frac{2\pi}{T}t + \varphi_0\right) \tag{10-14}$$

$$x = A\cos(2\pi\nu t + \varphi_0) \tag{10-15}$$

10.3.2　振动曲线（x-t 曲线）法

做简谐振动物体的位置随时间变化的关系曲线（x-t 曲线）称为振动曲线，如图 10-4 所示，根据简谐振动的振动曲线，不仅可以知道任意时刻物体的位置，还可以求出描述简谐振动的三个特征物理量（振幅、周期和初相）。另外，根据简谐振动物的速度和加速度表达式：

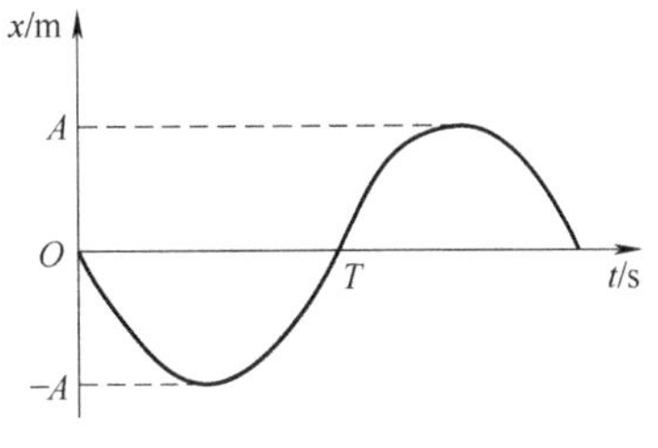

$$v = -A\omega\sin(\omega t + \varphi_0)$$
$$a = -A\omega^2\cos(\omega t + \varphi_0)$$

还可以从振动曲线分析出物体的速度和加速度。可见，振动曲线也可用来描述简谐振动，用振动曲线描述简谐振动的方法称为振动曲线法。

图 10-4　位移随时间变化的关系曲线

由 x-t 曲线作出描述速度、加速度随时间变化的关系曲线，如图 10-5 所示。

例 10-7　一简谐振动的表达式为 $x = 0.02\cos\left(6\pi t + \dfrac{\pi}{2}\right)$，$x$ 以 m 为单位，t 以 s 为单位。试

求：（1）求 A、ω、ν、T 和振动初相位 φ_0；（2）求 $t=$ 2s 时振动的速度、加速度；（3）作出振动曲线。

解：（1）由 $x=0.02\cos\left(6\pi t+\dfrac{\pi}{2}\right)$ 可知

$$A=0.02\text{m}, \quad \omega=6\pi\ \text{rad}\cdot\text{s}^{-1}, \quad \nu=\frac{\omega}{2\pi}=\frac{6\pi}{2\pi}\text{Hz}=3\text{Hz}$$

$$T=\frac{1}{\nu}=\frac{1}{3}\text{s}, \quad \varphi_0=\frac{\pi}{2}$$

（2）速度

$$v=\frac{\mathrm{d}x}{\mathrm{d}t}=-A\omega\sin(\omega t+\varphi_0)=-0.02\times6\pi\sin\left(6\pi t+\frac{\pi}{2}\right)$$

当 $t=2\text{s}$ 时

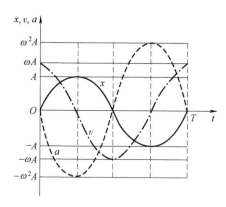

图 10-5　位移、速度、加速度随时间变化的关系曲线

$$v=-0.02\times6\pi\sin\left(6\pi\times2+\frac{\pi}{2}\right)=-0.12\pi\ \text{m}\cdot\text{s}^{-1}$$

加速度

$$a=\frac{\mathrm{d}v}{\mathrm{d}t}=-A\omega^2\cos(\omega t+\varphi_0)=\left[-0.02\times(6\pi)^2\cos\left(6\pi\times2+\frac{\pi}{2}\right)\right]\text{m}\cdot\text{s}^{-2}=0\text{m}\cdot\text{s}^{-2}$$

（3）根据振动表达式可知，当 $t=0\text{s}$ 时，$x=0$，即物体位于坐标原点处；随着时间的增加，相位 $\varphi=6\pi t+\dfrac{\pi}{2}$ 增加，则根据余弦函数在第一象限值的特点，$\cos\varphi$ 将减小，即物体将向 x 轴负方向运动，所以振动曲线如图 10-6 所示。

例 10-8　已知一振动曲线如图 10-7 所示，试求：（1）振动表达式；（2）a 点对应时刻的振动时间。（3）a 点的速度和加速度。

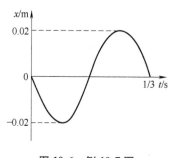

图 10-6　例 10-7 图

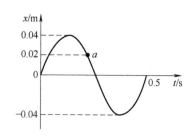

图 10-7　例 10-8 图

解：（1）根据振动曲线可知

$$A=0.04\text{m}, \quad T=0.5\text{s}, \quad \omega=\frac{2\pi}{T}=4\pi\ \text{rad}\cdot\text{s}^{-1}$$

将上述各量代入简谐振动的振动表达式

$$x=A\cos(\omega t+\varphi_0)$$

则有当 $t=0\text{s}$ 时，$x=0\text{m}$，代入上式得

$$0=0.04\cos\varphi_0$$

所以 $\varphi_0 = \pm\dfrac{\pi}{2}$。

又由图可知 $t = 0\mathrm{s}$ 时振动物体有沿 x 轴正方向运动的趋势，即此时速度为正，即

$$v_0 = -A\omega\sin\varphi_0 = -0.04 \times 4\pi\sin\varphi_0 > 0$$

由此可推出只有 $\varphi_0 = -\dfrac{\pi}{2}$ 满足条件，代入振动表达式，可得

$$x = 0.04\cos\left(4\pi t - \dfrac{\pi}{2}\right)\mathrm{m}$$

（2）在图中 a 点 $x = \dfrac{A}{2} = 0.02\mathrm{m}$，代入振动表达式，有

$$\cos\left(4\pi t - \dfrac{\pi}{2}\right) = \dfrac{1}{2}$$

即 $4\pi t - \dfrac{\pi}{2} = \pm\dfrac{\pi}{3}$，根据曲线可知 a 点物体有向 x 轴负向运动的趋势，即

$$v_0 = -A\omega\sin\left(4\pi t - \dfrac{\pi}{2}\right) < 0$$

因此，$4\pi t - \dfrac{\pi}{2} = \dfrac{\pi}{3}$，所以

$$t = \dfrac{\dfrac{5}{6}\pi}{4\pi}\mathrm{s} = \dfrac{5}{24}\mathrm{s}$$

（3）将（2）问中所求得的时间代入速度和加速度的表达式，可得速度

$$v = \left[-0.04 \times 4\pi\sin\left(4\pi t - \dfrac{\pi}{2}\right)\right]\mathrm{m\cdot s^{-1}} = \left[-0.04 \times 4\pi\sin\left(4\pi \times \dfrac{5}{24} - \dfrac{\pi}{2}\right)\right]\mathrm{m\cdot s^{-1}} = -0.08\sqrt{3}\pi\ \mathrm{m\cdot s^{-1}}$$

加速度

$$a = \left[-0.04 \times (4\pi)^2\cos\left(4\pi t - \dfrac{\pi}{2}\right)\right]\mathrm{m\cdot s^{-2}} = \left[-0.04 \times (4\pi)^2\cos\left(4\pi \times \dfrac{5}{24} - \dfrac{\pi}{2}\right)\right]\mathrm{m\cdot s^{-2}}$$

$$= -0.32\pi^2\mathrm{m\cdot s^{-2}}$$

10.3.3　旋转矢量图示法

如图 10-8 所示，长度等于振幅 A、初始与 x 轴正向夹角为 φ_0 且以恒定角速度 ω（其数值等于简谐振动的角频率）绕 O 点沿逆时针方向旋转的矢量 A 就称为旋转矢量。在矢量 A 旋转过程中，矢量末端形成的圆称为参考圆。当矢量 A 旋转时，其末端在 x 轴上的投影随时间变化的规律为

$$x = A\cos(\omega t + \varphi_0)$$

可见，矢量 A 逆时针以 ω 角速度旋转时，其末端在 x 轴上的投影做的是一种简谐振动，一个简谐振动与一个旋转的矢量相对应，因而，可以用这个旋转的矢量 A 来描述简谐振动，这种方法称为**旋转矢量图示法**。

旋转矢量图与简谐振动的对应关系为：

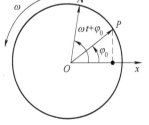

图 10-8　旋转矢量图示法

（1）简谐振动的振幅对应于旋转矢量 A 的长度（即参考圆的半径）；

（2）简谐振动的角频率 ω 对应于旋转矢量 A 做逆时针转动时的角速度；

（3）简谐振动的初相位对应于零时刻旋转矢量 A 与 x 轴正向之间的夹角；

（4）简谐振动的相位 $\varphi = \omega t + \varphi_0$ 对应于 t 时刻旋转矢量 A 与 x 轴正向之间的夹角；

（5）相位差 $\Delta\varphi$ 对应于不同时刻两旋转矢量间的夹角。

由此可见，旋转矢量图示法的优点是形象直观，它不仅将简谐振动中最难理解的相位用角度表示出来，还将相位随时间变化的线性和周期性也清楚地描述出来了。另外，通过旋转矢量图，可以把一个非匀速运动的简谐振动转换成匀速的转动来描述，使得问题得以简化。必须强调，旋转矢量 A 本身并不做简谐运动，只是用矢量 A 的末端在 x 轴上的投影来形象地展开一个简谐振动。

10.3.4 旋转矢量图的应用

1. 求初相位 φ_0

用旋转矢量图求初相位具有简单、方便的特点，步骤如下：

（1）作半径为 A 的参考圆，沿振动方向确定坐标 x 轴方向，并标明正向，如图 10-9a 所示。

（2）根据零时刻质点所在位置 x_0，在参考圆上标出矢量末端对应的两个可能位置，并根据矢量与 Ox 轴正向夹角确定初相位 φ_0 取值的两种可能性，如图 10-9b 所示。

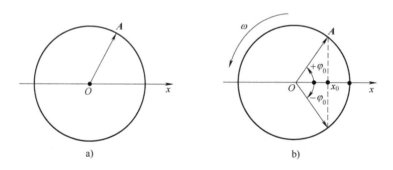

图 10-9　旋转矢量图示法求初相位 φ_0

（3）根据零时刻速度 v_0 的正负（速度方向与坐标正向一致时为正，反之为负），及旋转矢量图描述简谐振动时矢量 A 沿着逆时针方向旋转，判断初相位的正确取值。即，如果矢量 A 与 Ox 轴正向夹角为正值，矢量在参考圆的上半周旋转，矢量 A 末端投影点将向 x 负方向运动，对应振动速度 v_0 为负；如果矢量 A 与 Ox 轴正向夹角为负值，矢量在参考圆的下半周旋转，矢量末端投影点将向 x 正方向运动，对应振动速度 v_0 为正。另外，写 φ_0 值时，当矢量 A 在参考圆的下半周时，对应的 φ_0 是大于 π 的值，而一般 φ_0 范围是 $-\pi \sim \pi$，所以，此时可写为负值，如图 10-9b 所示。

例 10-9　一物体沿 x 轴方向做振幅为 A 的简谐振动。$t = 0\text{s}$ 时，物体处于 $x = \dfrac{A}{2}$ 的位置，且向 x 轴正向运动。试求此简谐振动的初相位。

解：做对应旋转矢量图，如图 10-10 所示，a、b 两点在 x 轴的投影点均在 $x = \dfrac{A}{2}$ 的位置。

两点对应的初相位分别为

$$\varphi_a = \arccos\left(\frac{A}{2}/A\right) = \frac{\pi}{3}$$

$$\varphi_b = \arccos\left(\frac{A}{2}/A\right) = -\frac{\pi}{3}$$

根据旋转矢量逆时针旋转，可知两点对应振动此时的速度情况为

$$v_a < 0,\ v_b > 0$$

b 点对应振动与已知情况相符，故简谐振动的初相位为

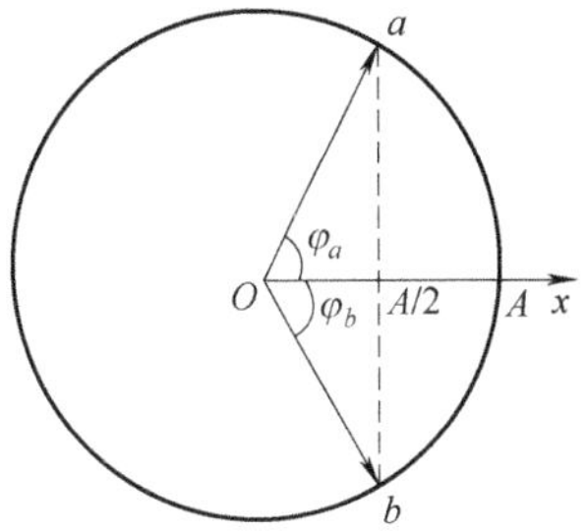

$$\varphi_0 = -\frac{\pi}{3}$$

图 10-10　例 10-9 图

2. 比较同频率不同振动之间的相位关系

设两个简谐振动的振动表达式分别为

$$x_1 = 0.5\cos\left(4\pi t - \frac{\pi}{3}\right)$$

$$x_2 = 0.7\cos\left(4\pi t - \frac{\pi}{6}\right)$$

对应的旋转矢量图如图 10-11 所示，由于旋转矢量是逆时针旋转，图中很明显看出 2 振动超前 1 振动，相位差是 $\frac{\pi}{6}$。

例 10-10　质量为 0.01kg 的物体做简谐振动，其振幅为 0.08m，周期为 4s，初始时刻物体在 $x = 0.04$m 处，且向 x 轴负方向运动，如图 10-12 所示。试求：（1）$t = 1.0$s 时，物体所处的位置及所受合外力；（2）由起始位置运动到 $x = -0.04$m 处所需要的最短时间。

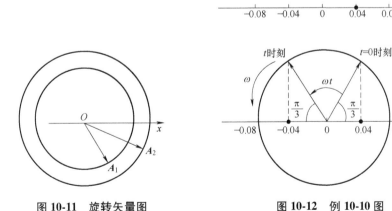

图 10-11　旋转矢量图　　　　图 10-12　例 10-10 图

解：（1）依题意可得振动的角频率为

$$\omega = \frac{2\pi}{T} = \frac{2\pi}{4}\mathrm{rad}\cdot\mathrm{s}^{-1} = \frac{\pi}{2}\mathrm{rad}\cdot\mathrm{s}^{-1}$$

利用旋转矢量图 10-12 可得振动的初相位为

$$\varphi_0 = \frac{\pi}{3}$$

$t = 1.0\text{s}$ 时，矢量与 x 轴正向的夹角——相位为

$$\varphi = \omega t + \varphi_0 = \frac{\pi}{2} \times 1.0 + \frac{\pi}{3} = \frac{5\pi}{6}$$

此时物体所处位置为

$$x = A\cos\varphi = 0.08\cos\left(\frac{5\pi}{6}\right)\text{m} \approx -0.069\text{m}$$

根据加速度的表达式，可得此时物体的加速度

$$a = -A\omega^2\cos\varphi = -0.08\left(\frac{\pi}{2}\right)^2\cos\frac{5\pi}{6}\text{m}\cdot\text{s}^{-2} = \sqrt{3}\pi^2\times10^{-2}\text{m}\cdot\text{s}^{-2}$$

根据牛顿运动第二定律，可得物体受合外力为

$$F = ma = \left(0.01\times\sqrt{3}\pi^2\times10^{-2}\right)\text{N} \approx 1.7\times10^{-3}\text{N}$$

值为正，说明此时力沿坐标轴正向。

（2）设物体由起始位置经时间 t 第一次运动到 $x = -0.04\text{m}$ 处。根据旋转矢量图，可知 t 时刻物体对应的相位为

$$\varphi = \omega t + \varphi_0 = \frac{2\pi}{3}$$

根据 $\varphi_0 = \frac{\pi}{3}$，$\omega = \frac{\pi}{2}$，代入上式得最短时间为

$$t = \frac{2}{3}\text{s}$$

3. 画振动曲线

我们以用旋转矢量图画简谐振动 $x = A\cos\left(\omega t + \frac{\pi}{4}\right)$ 的 $x\text{-}t$ 曲线为例，具体地领会用旋转矢量图画振动曲线的方法。步骤如下：

（1）准备工作。为作 $x\text{-}t$ 图方便起见，在图 10-13 中使旋转矢量图的 x 轴正方向竖直向上（以便与 $x\text{-}t$ 图中的 x 轴方向平行），原点与 $x\text{-}t$ 图中原点对齐，并在 x 轴标出振幅值。

（2）确定 $x\text{-}t$ 曲线的起始点，即 $t = 0$ 时的 x 值。$t = 0$ 时，旋转矢量 $\boldsymbol{A}$ 与 x 轴的夹角等于初相位 $\varphi_0 = \frac{\pi}{4}$，旋转矢量末端位于 a 点，而 a 点在 x 轴上的投影对应于 $x\text{-}t$ 图中的 a' 点。

（3）讨论曲线从起始点开始的走势。随着旋转矢量 $\boldsymbol{A}$ 沿逆时针方向旋转，其端点在 x 轴上的投影点将向 x 轴负向运动，因此 $x\text{-}t$ 曲线应为由起始点向下画出。画出一个完整曲线形状，并标出周期值，如图 10-13 所示。

比较应用旋转矢量图画振动曲线和应用振动表达式直接画振动曲线可知，前者更便捷。

例 10-11 已知物体做简谐振动的振动表达式为 $x = 0.4\cos\left(2\pi t - \frac{\pi}{4}\right)\text{m}$，试利用旋转矢量图作出此振动的振动曲线。

解：根据题意建坐标系，如图 10-14 所示。

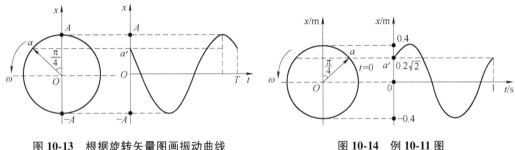

图 10-13　根据旋转矢量图画振动曲线　　　　图 10-14　例 10-11 图

根据题意可知，初始时矢量与 x 轴正向夹角为 $\varphi_0 = -\dfrac{\pi}{4}$，过矢量端点作 x 轴垂线，得到 x-t 曲线的起头点为 a' 点，如图 10-14 所示。旋转矢量由图示位置开始逆时针旋转，其端点投影将向 x 轴正向运动，因此 x-t 曲线将从 a' 点开始有向上的走势，则可作出 x-t 曲线如图 10-14所示，并标出周期 $T = \dfrac{2\pi}{2\pi}\text{s} = 1\text{s}$。

综上所述，简谐振动可以用三种不同的方法描述：解析法、振动曲线法和旋转矢量图示法，这三种方法各有优势，应用时可视问题的具体情况，在方法上进行灵活选择。

10.4　简谐振动的合成

在前面的讨论中，研究的都是一个质点参与一种简谐振动的情况。而在实际问题中，经常会遇到一个质点同时参与了几个振动。如舰船中的钟摆，在船体发生颠簸时，就同时参与了两种振动，一个是钟摆自己的摆动，另一个是钟随船的振动。这时质点的振动是几个单独振动合成的结果，称为合振动；相对而言，那几个单独的振动称为分振动。例如，汽车上乘客座椅下有弹簧，行驶中乘客在座椅上相对于车厢上下振动，而车厢下也有弹簧，车厢相对于地面上下振动，乘客便同时参与了这两个振动，此时乘客的振动为合振动，车与座椅的振动为分振动。

我们知道，简谐振动是最简单也是最基本的振动形式，任何一个复杂振动都可以看作是多个简谐振动的叠加结果，因而，一个复杂振动也可以分解为若干个简谐振动，由此可见，研究简谐振动的合成问题具有重要的意义。本节首先重点介绍沿同一直线、相同频率的两个简谐振动的合成，然后再进一步分析同一直线、不同频率的两个简谐振动的合成。

10.4.1　沿同一直线、频率相同的两个简谐振动的合成

设质点同时参与的两个振动都沿 x 轴，频率都是 ω，振幅分别为 A_1、A_2，初相位分别为 φ_{10} 和 φ_{20}，这两个简谐振动的振动表达式可分别写为

$$x_1 = A_1 \cos(\omega t + \varphi_{10})$$
$$x_2 = A_2 \cos(\omega t + \varphi_{20})$$

既然两个简谐振动处于同一直线上，那么合振动一定也处于该直线上，合位移 x 应等于两个分位移的代数和，亦即

$$x_1+x_2=A_1\cos(\omega t+\varphi_{10})+A_2\cos(\omega t+\varphi_{20})$$

将上式中的余弦函数利用和角的三角函数公式展开，合并整理得

$$x=(A_1\cos\varphi_{10}+A_2\cos\varphi_{20})\cos\omega t-(A_1\sin\varphi_{10}+A_2\sin\varphi_{20})\sin\omega t$$

为了使振动的振动表式具有较为简洁的形式，现引入两个新的待定常数 A 和 φ_0，并令

$$\begin{cases}A\cos\varphi_0=A_1\cos\varphi_{10}+A_2\cos\varphi_{20}\\A\sin\varphi_0=A_1\sin\varphi_{10}+A_2\sin\varphi_{20}\end{cases} \tag{10-16}$$

将式（10-16）代入合振动表达式并化简，可得

$$x=A\cos\varphi_0\cos\omega t-A\sin\varphi_0\sin\omega t$$
$$=A(\cos\varphi_0\cos\omega t-\sin\varphi_0\sin\omega t)$$
$$=A\cos(\omega t+\varphi_0)$$

即两个同方向、同频率简谐振动的合振动表达式为

$$x=A\cos(\omega t+\varphi_0) \tag{10-17}$$

式中，A 为合振动的振幅；φ_0 为合振动的初相位。根据式（10-16）可得

$$A=\sqrt{A_1^2+A_2^2+2A_1A_2\cos(\varphi_{20}-\varphi_{10})}$$
$$\varphi_0=\arctan\left(\frac{A_1\sin\varphi_{10}+A_2\sin\varphi_{20}}{A_1\cos\varphi_{10}+A_2\cos\varphi_{20}}\right) \tag{10-18}$$

由此可见，两个同频率且沿同一直线简谐振动的合振动是一个与分振动同向同频率的简谐振动，其振幅 A 和初相位 φ_0 由两个分振动的振幅——A_1、A_2 和初相位 φ_0 决定，它们之间的具体关系由式（10-18）给出。

利用旋转矢量图示，根据矢量求和的平行四边形法则，也可以求合振动的振动表达式，且方法比较直观、简便。如图 10-15 所示，取水平方向为 x 轴，两个分振动对应的旋转矢量分别为 A_1 和 A_2，它们在 $t=0$ 时刻与 x 轴的夹角分别为 φ_{10} 和 φ_{20}，A 为 A_1 和 A_2 的矢量和。

由于 A_1 和 A_2 以相同的角速度绕 O 点沿逆时针方向旋转，它们之间的夹角保持不变，则对角线对应的合矢量 A 的大小就恒定不变，且以同样的角速度 ω 绕 O 点沿逆时针方向旋转。由图 10-15 可以看出，在 Rt $\triangle OFD$ 和 Rt $\triangle CBE$ 中，$\overline{OF}=\overline{CB}$，$\angle OFD=\angle CBE$，根据三角形全等条件可知，Rt $\triangle OFD\cong$ Rt $\triangle CBE$，所以有 $\overline{PQ}=\overline{OD}=x_2$，即合矢量 A 的末端在图 10-15 同频率平行轴上投影点 P 的坐标 x 正好是 x_1 和 x_2 的代数和。所以，合矢量 A 为合振动的旋转矢动对应的旋转矢量。它所代表的合振动为

$$x=A\cos(\omega t+\varphi_0)$$

其角频率与分振动的角频率相同。对图 10-15 中的 $\triangle OBC$ 应用余弦定理可得出合成振动的振幅为

$$A=\sqrt{A_1^2+A_2^2-2A_1A_2\cos\alpha}$$

由图 10-15 可知 $\alpha+(\varphi_{20}-\varphi_{10})=\pi$，代入上式有

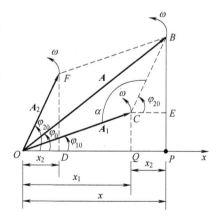

图 10-15 同频率平行振动的旋转矢量合成法

$$A = \sqrt{A_1^2 + A_2^2 + 2A_1A_2\cos(\varphi_{20} - \varphi_{10})}$$

在图示的 $\mathrm{Rt}\triangle OBP$ 中，根据直角三角形中的边、角关系，即可求得初相 φ_0 的正切值为

$$\tan\varphi_0 = \frac{\overline{BP}}{\overline{OP}} = \frac{\overline{BE} + \overline{EP}}{x_1 + x_2} = \frac{A_1\sin\varphi_{10} + A_2\sin\varphi_{20}}{A_1\cos\varphi_{10} + A_2\cos\varphi_{20}}$$

可见，用旋转矢量图示法所得到的结果与用解析法求出的结果完全一致。分析合振动的振幅公式可知，合振动的振幅 A 不仅取决于两分振动的振幅 A_1、A_2，而且还与两分振动的相位差（$\varphi_{20} - \varphi_{10}$）有关，两分振动步调上的差异（即相位差 $\Delta\varphi$）决定了合成振动是加强还是减弱。

（1）当相位差 $\Delta\varphi = \varphi_{20} - \varphi_{10} = 2k\pi\,(k = 0,\ \pm 1,\ \pm 2,\ \cdots)$ 时，由式（10-18）可知，合振动的振幅为

$$A = A_1 + A_2 \tag{10-19}$$

此时，合振动取得最大振幅，两分振动相互加强。对应的振动曲线如图 10-16a 所示。

（2）当相位差 $\Delta\varphi = \varphi_{20} - \varphi_{10} = (2k+1)\pi\,(k = 0,\ \pm 1,\ \pm 2,\ \cdots)$ 时，由式（10-18）可知，合振动的振幅为

$$A = |A_1 - A_2| \tag{10-20}$$

此时，合振动取得最小振幅，两分振动相互减弱。对应的振动曲线如图 10-16b 所示。这种情况下，合振动的初相位与振幅较大振动的初相位相同。若 $A_1 = A_2$，则 $A = 0$，即振动合成的结果是质点静止不动。

（3）当相位差 $\Delta\varphi = \varphi_{20} - \varphi_{10}$ 不是 π 的整数倍时，合成振动振幅的大小介于（$A_1 + A_2$）和 $|A_1 - A_2|$ 之间，亦即

$$|A_1 - A_2| < A < A_1 + A_2 \tag{10-21}$$

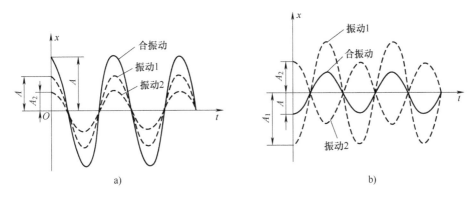

图 10-16　同方向、同频率两个简谐振动合成

例 10-12　一个质点同时参与两个同方向的简谐振动，其振动表达式分别为 $x_1 = 0.04\cos\left(8t + \dfrac{\pi}{3}\right)$，$x_2 = 0.03\cos\left(8t - \dfrac{2\pi}{3}\right)$，其中 x 以 m 为单位，t 以 s 为单位。试求合振动的振动表达式。

解：由分振动表达式可知两简谐振动同频率，两者的相位差为

$$\Delta\varphi = \varphi_{20} - \varphi_{10} = -\frac{2}{3}\pi - \frac{\pi}{3} = -\pi$$

此时满足两振动合成的振幅最小的情况，所以合振动的振幅

$$A = |A_1 - A_2| = |0.04 - 0.03| \, \text{m} = 0.01 \, \text{m}$$

合振动的初相位与振幅较大的初相位相同，即

$$\varphi_0 = \frac{\pi}{3}$$

所以合振动的振动表达式为

$$x = 0.01\cos\left(8t + \frac{\pi}{3}\right)$$

此题也可以由旋转矢量图示法来求解：画出分振动的旋转矢量图，如图 10-17 所示。

合振动对应的旋转矢量由图中的粗黑线表示，由旋转矢量图可以得出合振动的振动表达式为

$$x = 0.01\cos\left(8t + \frac{\pi}{3}\right)$$

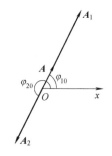

图 10-17　例 10-12 图

例 10-13　两同方向的简谐振动的振动表达式为 $x_1 = 0.4\cos\left(2\pi t + \frac{\pi}{6}\right)$ m，$x_2 = 0.3\cos\left(2\pi t + \frac{2\pi}{3}\right)$ m。试求合振动的振幅和初相位。

解：由两分振动的振动表达式可知两分振动频率相同，两者的相位差为

$$\Delta\varphi = \varphi_{20} - \varphi_{10} = \frac{2}{3}\pi - \frac{\pi}{6} = \frac{\pi}{2}$$

合振动的振幅和初相位分别为

$$A = \sqrt{A_1^2 + A_2^2 + 2A_1 A_2\cos(\varphi_{20} - \varphi_{10})}$$

$$= \sqrt{0.4^2 + 0.3^2 + 2\times0.4\times0.3\times\cos\frac{\pi}{2}} \, \text{m}$$

$$= 0.5 \, \text{m}$$

$$\varphi_0 = \arctan\left(\frac{A_1\sin\varphi_{10} + A_2\sin\varphi_{20}}{A_1\cos\varphi_{10} + A_2\cos\varphi_{20}}\right)$$

$$= \arctan\frac{0.4\,\text{m}\times\frac{1}{2} + 0.3\,\text{m}\times\left(\frac{\sqrt{3}}{2}\right)}{0.4\,\text{m}\times\frac{\sqrt{3}}{2} + 0.3\,\text{m}\times\left(-\frac{1}{2}\right)}$$

$$= \arctan\left(\frac{25\sqrt{3} + 48}{39}\right)$$

10.4.2　同一方向、不同频率的简谐振动的合成

设两个不同频率的简谐振动都是相对平衡点 O 沿 x 轴振动，振动表式分别为

$$x_1 = A_1\cos(\omega_1 t + \varphi_{10}), \quad x_2 = A_2\cos(\omega_2 t + \varphi_{20})$$

由于两分振动均在 x 轴方向上，它们的合成振动一定也在 x 轴方向上，且

$$x = x_1 + x_2 = A_1\cos(\omega_1 t + \varphi_{10}) + A_2\cos(\omega_2 t + \varphi_{20}) \qquad (10\text{-}22)$$

与同方向、同频率两简谐振动的合成比较可知，同方向、不同频率的简谐振动合成要复杂一些。下面利用旋转矢量图示法对合振动的振幅进行定性分析。

如图 10-18 所示，A_1 和 A_2 分别为分振动在 t 时刻的旋转矢量，由于两分振动的频率不同，因而对应矢量旋转的角速度也不同，角速度分别为 ω_1 和 ω_2，A 为 A_1 和 A_2 的合矢量，也就是合成振动的旋转矢量。由于 $\omega_1 \neq \omega_2$（图中 $\omega_2 > \omega_1$），所以在旋转过程中，A_1 和 A_2 之间的夹角即两分振动之间的相位差 $\Delta\varphi = [(\omega_2 - \omega_1)t + (\varphi_{20} - \varphi_{10})]$ 是随时间变化的，因而合振动的旋转矢量 A 的大小也必然随时间而变化。由图 10-18 可以看出，$t + \Delta t$ 时刻的合振动振幅 A' 明显不同于 t 时刻的合振动振幅 A。在旋转

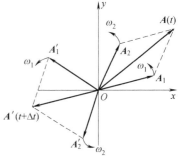

图 10-18　同方向、不同频率简谐振动的合成

过程中，当 A_1 和 A_2 同向重合时，合振动振幅最大（$A = A_1 + A_2$）；当 A_1 和 A_2 反向时，合振动振幅最小（$A = |A_1 - A_2|$）。显然，同方向、不同频率简谐振动的合振动的振幅 A 是一个时强时弱呈周期性变化的物理量，它与时间 t 之间的函数关系为（由旋转矢量图和余弦函数公式可推导出，在此推导过程从略）

$$A = \sqrt{A_1^2 + A_2^2 + 2A_1 A_2 \cos[(\omega_2 - \omega_1)t + (\varphi_{20} - \varphi_{10})]} \qquad (10\text{-}23)$$

另外，由于合振动对应的旋转矢量 A 的角速度 ω 既不同于 ω_1 和 ω_2，也不再是一个恒定的量，因而合振动不再是简谐振动，而是一个较为复杂的周期性运动。为了突出频率不同所引起的效果，同时也为了处理问题简单起见，假设这两个分振动有相同的振幅和初相位，即 $A_1 = A_2$、$\varphi_{10} = \varphi_{20}$，于是合振动可写为

$$\begin{aligned}
x &= x_1 + x_2 = A_1\cos(\omega_1 t + \varphi_{10}) + A_2\cos(\omega_2 t + \varphi_{10}) \\
&= A_1[\cos(\omega_1 t + \varphi_{10}) + \cos(\omega_2 t + \varphi_{10})] \\
&= 2A_1\cos\frac{1}{2}(\omega_1 - \omega_2)t \cdot \cos\frac{1}{2}[(\omega_1 + \omega_2)t + 2\varphi_{10}] \qquad (10\text{-}24)
\end{aligned}$$

由式（10-23）可知，此时

$$\begin{aligned}
A &= \sqrt{2A_1^2 + 2A_1^2\cos[(\omega_2 - \omega_1)t]} \\
&= \sqrt{2A_1^2[1 + \cos(\omega_2 - \omega_1)t]} \\
&= \left| 2A_1\cos\frac{1}{2}(\omega_2 - \omega_1)t \right|
\end{aligned}$$

此式与式（10-24）的前半部分完全一致，这就是说式（10-24）的前半部分是合成振动的振幅，后半部分则应对应于合振动的相位，这样我们可以看出合振动的角频率为

$$\omega = \frac{1}{2}(\omega_1 + \omega_2) \qquad (10\text{-}25)$$

合振动的振幅为

$$A = \left| 2A_1\cos\frac{1}{2}(\omega_2 - \omega_1)t \right| \qquad (10\text{-}26)$$

在一般情况下，合成振动的物理图像是比较复杂的，我们也很难觉察到合振幅的周期性变化。只有当 ω_1 和 ω_2 都较大且两者之差很小，即 $|\omega_2-\omega_1| \ll \dfrac{\omega_2+\omega_1}{2} \approx \omega_1 \approx \omega_2$ 时，合振动振幅 A 才会出现明显的周期性变化。图 10-19 给出了这样两个简谐振动的振动曲线及合振动的振动曲线。

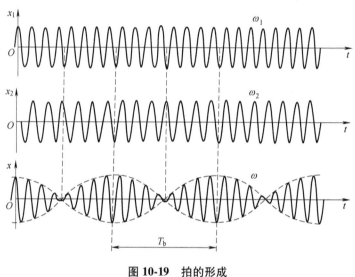

图 10-19　拍的形成

合振动振幅 A 的变化周期 $T \propto \dfrac{1}{\omega_2-\omega_1}$，若 ω_1 和 ω_2 相差很小，则合振动振幅周期很大，在合振动振幅到达相邻两个零值之间所包含合振动次数就很多，如图 10-19 所示。人们把这种合振动振幅有节奏地时强时弱变化的现象称为拍。合振动振幅变化的频率亦即单位时间内振幅加强或减弱的次数称为拍频，以 ν_b 表示。

由式（10-26）所给出的合振动振幅的表达式可知，合振动振幅变化的周期即为拍的周期。由于振幅总是正值，而余弦函数的绝对值以 π 为周期，因而合振动振幅的变化周期（即拍的周期）为

$$T_b = \frac{\pi}{\frac{1}{2}(\omega_2-\omega_1)} = \frac{2\pi}{\omega_2-\omega_1} = \frac{1}{\nu_2-\nu_1}$$

所以，拍频为

$$\nu_b = \frac{1}{T_b} = \nu_2 - \nu_1 \tag{10-27}$$

即拍频等于两分振动频率之差。

拍是一种重要的物理现象，在声振动和电振动中经常遇到。例如管乐中的双簧管，由于它的两个簧片略有差别，演奏时将会发生拍效应，我们就会听到悦耳的颤音；又如校准钢琴时往往拿待校钢琴同标准钢琴作比较，弹奏两架钢琴的同一音键，细听有无拍现象，如果听出有拍现象，说明尚未校准，必须再次校对；再如无线电技术中，拍现象可以用来制造差拍振荡器，以产生极低频率的电磁振荡；另外，超外差式收音机也是利用本机振荡系统的固有

频率与外来的高频载波信号混频而获得拍频，这一混频过程称为外差，若本机振荡频率高就称为超外差。

10.4.3　垂直方向、同频率的两个简谐振动的合成

设垂直方向、同频率的两个简谐振动的振动表达式分别为

$$x = A_1\cos(\omega_1 t + \varphi_{10})$$
$$y = A_2\cos(\omega_2 t + \varphi_{20})$$

在任意时刻 t，上两式给出振动质点的位置随时间 t 的变化关系。若把这两式中的时间参量消去，则得到质点的轨迹方程

$$\frac{x^2}{A_1^2} + \frac{y^2}{A_2^2} - 2\frac{xy}{A_1 A_2}\cos(\varphi_{20} - \varphi_{10}) = \sin^2(\varphi_{20} - \varphi_{10}) \tag{10-28}$$

式（10-28）是一个椭圆方程，具体的椭圆形状取决于初相位差 $(\varphi_{20} - \varphi_{10})$。

（1）当两振动初相位相同时，即 $\varphi_{20} - \varphi_{10} = 0$，则式（10-28）化简为

$$\left(\frac{x}{A_1} - \frac{y}{A_2}\right)^2 = 0$$

即

$$y = \frac{A_2}{A_1}x \tag{10-29}$$

质点的运动轨迹为过坐标原点，斜率为 $\dfrac{A_2}{A_1}$ 的直线，质点在此直线上往返运动。如图 10-20a 所示。

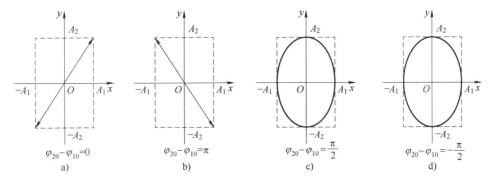

图 10-20　垂直方向、同频率的两个简谐振动的合成

（2）当两振动初相位差 $\varphi_{20} - \varphi_{10} = \pi$ 时，式（10-28）化简为

$$y = -\frac{A_2}{A_1}x \tag{10-30}$$

质点运动轨迹如图 10-20b 所示。

（3）当两振动初相位差 $\varphi_{20} - \varphi_{10} = \dfrac{\pi}{2}$（设沿 x 轴的振动落后于沿 y 轴的振动）时，式（10-28）化简为

$$\frac{x^2}{A_1^2} + \frac{y^2}{A_2^2} = 1 \tag{10-31}$$

这是以坐标轴为主轴的椭圆方程，质点沿椭圆轨迹做周期运动，如图 10-20c 所示。若两个分振动的振幅相等，则合振动的轨迹方程为 $x^2+y^2=A^2$，即合振动是一个以原点为圆心、半径为 A 的圆周运动。

初相位差为其他情况的合振动轨迹如图 10-21 所示。

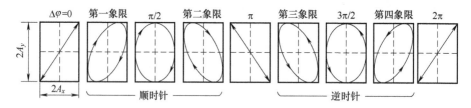

图 10-21 不同相位差对应的合振动的轨迹

10.4.4 垂直方向、不同频率的两个简谐振动的合成

设两简谐振动的振动表达式为

$$x = A_1 \cos(\omega_1 t + \varphi_{10})$$
$$y = A_2 \cos(\omega_2 t + \varphi_{20})$$

它们的相位差为

$$\Delta\varphi = (\omega_2 - \omega_1)t + (\varphi_{20} - \varphi_{10})$$

很显然，相位差随时间变化，合振动比较复杂。可以证明（从略）如果两分振动的频率成倍数关系，则合成振动轨迹为稳定的封闭曲线，这种曲线称为李萨如图。图 10-22 给出了 3 种频率比、3 种初相位差的李萨如图形。如果在李萨如图形中建立水平和竖直的坐标系，图形与两个坐标轴的交点个数比应等于两个方向分振动频率的反比。

如果已知一个分振动的频率，根据李萨如图形的形状，则可确定另一个分振动的频率，在无线电技术中，常用这种方法确定信号的频率。

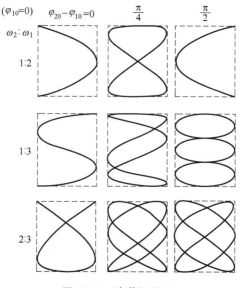

图 10-22 李萨如图形

10.5　机械波的产生和传播

本节主要分析机械波的产生条件及传播过程中所表现的特点，进而揭示波动过程的物理本质。

10.5.1　机械波产生的条件和种类

1. 机械波产生的条件

机械振动在弹性介质（固体、液体和气体）中传播就形成了机械波。由此可看出，产生机械波的条件有两个：一是需要有做机械振动的物体，称为波源；二是需要传播这种机械振动的弹性介质，如空气、液体、固体物质等。若波在弹性介质中传播时能量没有损失，介质中的质点依靠彼此之间的弹性力作用，使介质中的每一个质点都在做频率相同的机械振动，这样，当弹性介质中的一部分发生振动时，就将机械振动由近及远地传播开去，形成了波动。

2. 机械波的种类

按照不同的依据可以把机械波分成不同的种类。

（1）横波和纵波　按照质点的振动方向和波的传播方向之间的关系，机械波可以分为横波和纵波，这是波动的两种最基本的形式。

如图 10-23a 所示，用手握住一根绷紧的长绳，当手上下抖动时，绳子上各部分质点就依次上下振动起来，且质点的振动方向与波的传播方向相互垂直，这类波称为**横波**。绳中有横波传播时，将会看到绳子上交替出现凸起和下凹的部分，我们称凸起的部分为**波峰**，下凹的部分为**波谷**，此时波峰与波谷以一定的速度沿绳传播，这就是横波的外形特征，水的表面波即为横波。

如图 10-23b 所示，将一根水平放置的长弹簧的一端固定起来，用手去拍打另一端，各部分弹簧就依次左右振动起来，这时各质点的振动方向与波的传播方向相互平行，这类波称为**纵波**。弹簧中有纵波传播时，我们会看到其中交替出现"稀疏"和"稠密"区域，并且这种"稀疏"和"稠密"以一定的速度传播出去，这就是纵波的外形特征，我们所熟悉的声波即为纵波。

横波和纵波外形不同，但本质相同。由于横波我们更为熟悉，因而本节主要研究横波，所得规律可以推广至纵波。

（2）简谐波和非简谐波　在弹性介质中传播的波，按照波源的振动类型可以将其分为简谐波和非简谐波。简谐振动在弹性介质中传播形成的就是简谐波；若波源的振动不是简谐振动，所形成的波动则是非简谐波。简谐波是一种最简单、最基本的波，任何一种复杂的机械波都可以看成是几个简谐波的合成，因而本节重点研究简谐波。

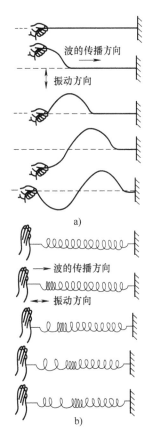

图 10-23　横波和纵波

a）横波　b）纵波

10.5.2 波动的几何描述

为了形象直观地描绘波动过程的物理图景，下面引入几个概念，以便对波动进行几何描述。

1. 波线

表示波的传播方向的射线称为**波线**，可以用带箭头的直线表示。例如几何光学中的光线就是光波的波线，它表明了光波的传播方向。图 10-24 给出了两种典型波的波线分布情况。

2. 波面

介质中振动相位相同的点所组成的曲面称为**波面**。波源每一时刻都向介质中传出一个波面，这些波面以一定的速度向前推进，波面推进的速度就是波传播的速度。在一系列波面中，位于最前面的领先波面称为**波前**，如图 10-24 所示。

在各向同性介质（各个方向上的物理性质，如波速、密度、弹性模量等都相同的介质）中，波线与波面正交，在各向异性介质中两者未必正交。

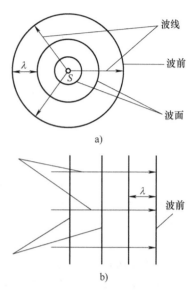

a)

b)

图 10-24 波动的几何描述
a）球面波 b）平面波

按照波面形状的不同，波动可以分为球面波、柱面波、平面波。这几种典型的波面如图 10-25所示，在各向同性介质中，点波源发出的波是球面波；线、柱波源发出的波是柱面波；平面波源发出的波是平面波。与球面波、柱面波相比，平面波最为简单，所以在这一节主要以平面简谐横波为例来研究波动的特征。

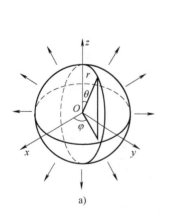

a)

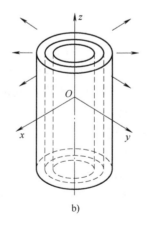

b)

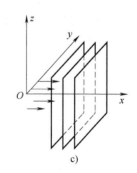

c)

图 10-25 几种典型的波面
a）球面波 b）柱面波 c）平面波

运用波线、波面和波前的概念，就可以用几何的方法描绘出波在空间传播的物理图景，波线给出了波的传播方向，一组动态的向前推进的波面形象化地展示了波在空间的传播过程。

3. 惠更斯原理

在波动的几何描述中，波前是如何向前推进的呢？这个问题的解释是由荷兰物理学家惠更斯最先给出的。他注意到机械波是靠介质中相邻质元之间的弹性作用力而传播的，任一质元的振动只能直接影响相邻质元的振动，波源并不能跨越一段距离直接带动远处的质元，因此，可以把介质中振动着的任何一点看作新的波源，称为子波源。基于这一思想，惠更斯于 1690 年提出了确定波前如何向前推进的一种作图法，人们称之为**惠更斯原理**，具体内容为：波前上的每一点都可以看作是发射次级（图 10-25 所示几种典型波面）子波的波源，新的波前就是这些次级子波波前的包络面。

惠更斯原理借助于子波的概念阐释了波前是如何向前推进的，它使人们建立了波的动态传播模型，根据这一原理，可以定性地解释波的传播方向问题，如果知道某一时刻的波前和波前上各点的波速，应用几何作图的方法就可以确定下一时刻新的波前，从而也可以确定波的传播方向（波线和波面正交）。

下面以球面波为例来说明如何应用惠更斯原理确定新波前。如图 10-26 所示，设 O 为点波源，由它发出的波以速度 u 向四周传播。已知 t 时刻的波前是半径为 R_1 的球面 S_1，应用惠更斯原理可以求出在下一时刻 $t+\Delta t$ 的波前。在 S_1 上任意取一些点作为次级子波的波源，以所取点为中心，以 $r=u\Delta t$ 为半径，画出这些球面子波的波前（见图 4-26 中的半球面），再作这些子波波前的包络面 S_2，它就是 $t+\Delta t$ 时刻的新波前。可以看出，S_2 实际上就是以 O 为中心，以 $R_2=R_1+u\Delta t$ 为半径的球面。

用类似的方法也可以求出平面波的新波前，如图 10-27 所示。

应该指出的是，惠更斯原理对各种波（机械波、电磁波）在任何介质（各向同性、各向异性）中传播都适用。当波在各向同性介质中传播时，波面及波前的形状不变，波线也保持为直线，不会中途改变波的传播方向。但当波从一种介质传到另一种介质中时，波面的形状将发生改变，波的传播方向（亦即波线的方向）也将发生改变。

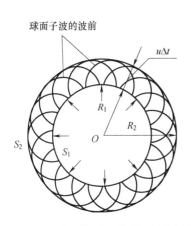

图 10-26　用惠更斯原理求球面波的波前

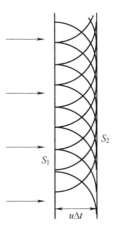

图 10-27　用惠更斯原理求平面波的波前

10.5.3　波动过程的物理本质

无论是横波还是纵波，虽然波的传播方向和质元的振动方向之间的关系不同，但传播的物理本质是相同的。在传播过程中介质中的质元都具备以下特征。

（1）波动过程是相位的传播过程。波源的状态随时间发生周期性变化，与此同时，波源所经历过的每一个状态都顺次地传向下一个质元。振动状态由质元振动的相位所决定，由此可见，波的传播过程也是一个相位的传播过程，波以一定的速度向前传播，相位也以这一速度向前传播。图 10-28 展示了横波传播过程中各质元振动状态情况。

（2）波动过程中，介质中各个质元在各自的平衡位置附近做有一定相位联系的集体振动。波在介质中传播，介质中各个质元并不随波的传播而向前移动，而是在各自的平衡位置附近做振动，即是一个集体的振动；各质元振动的步调有一定的差异，也有一定的联系，在相位上，两质元在任意时刻的相位差总是一样的，如图 10-28 所示，质元 1 和质元 4 相位差始终是 $\frac{\pi}{2}$，质元 1 和质元 7 相位差始终是 π。

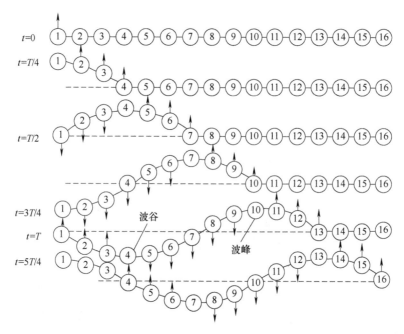

图 10-28 横波传播过程简图

（3）波动过程也是能量的传播过程，能量的传播速度也就是波的传播速度。在波动的过程中，每个质元是依次振动起来的，质元之所以会振动起来，是因为它前面的质元带动的，即前面质元给后面质元能量。依此类推，最前面的质元之所以会动起来是因为波源给予的能量，而波源从外界不断获得能量，也不断向后传递能量。介质中的每一个质元一边不断从前面的质元处获得能量，一边又不断向后面的质元释放能量，能量就是这样在介质中传播的。

以上三点波传播的物理本质虽然是从一列简谐横波的传播过程中分析得出的，但可以证明，其他机械波都具有这三点物理本质。

例 10-14 设某一时刻绳上横波的波形曲线如图 10-29a 所示，该波水平向左传播。试分别用小箭头标明图中 A、B、C、D、E、F、G、H、I 各质点在这时刻的运动方向，并画出经过 1/4 周期后的波形曲线。

解： 在波的传播过程中，各个质点只在自己的平衡位置附近振动，并不会随波前进。横波中，质点的振动方向总是和波动的传播方向垂直。在图 10-29a 中，质点 C 在正的最大位移处，这时，它的速度为零。图中的波动传播方向为由右至左，因而左侧质点的运动状态来自于它右侧质点的现在状态，即在质点 C 以后的质点 B 和 A 开始振动的时刻总是落后于 C。在 C 以前的质点 D、E、F、G、H、I 开始振动的时刻却都超前于 C。在 C 达到正的最大位移时，质点 B 和 A 都沿着正方向运动，向着各自的正的最大位移行进，但相比较之下，质点 B 比 A 更接近于自己的目标。至于质点 D、E、F 则都已经过了各自的正的最大位移，而进行向负方向的运动了。质点 H、I 不仅已经过了各自的最大位移，而且还经过了负的最大位移，而进行着正方向的运动质点 G 则处于负的最大位移处。因此，它们的运动方向如图 10-29b 所示，即质点 A、B、H、I 向上运动，质点 D、E、F 向下运动，而质点 C、G 速度为零。

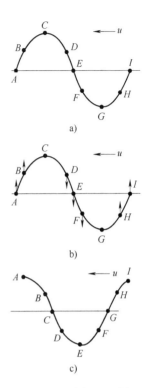

图 10-29　例 10-14 图

经过 1/4 周期，图 10-29a 中的质点 A 将运动至最大位移处，而质点 C 将回到平衡位置，即这时波形曲线如图 10-29c 所示。比较图 a 和 c，可以看出，它原来位于 I 和 C 间的波形，经过 1/4 周期，已经传播到 G 和 A 之间，即经过 1/4 周期，波传播的距离为 1/4 个完整波形。

10.5.4　描述波动的物理量

利用惠更斯原理可以形象地定性描述波动的过程。为了对波动过程进行定量的数学描述，建立平面简谐波的表达式，还需要引入几个描述波动的相关物理量。

1. 波长 λ

沿波的传播方向两相邻的、相位差为 2π 的两个点（如图 10-30 中的 a、b 两点）间的距离称为**波长**，用 λ 表示。波长也是一个完整波形的长度。波长反映了波的空间周期性，它说明整个波在空间分布的图景，是由许多长度为 λ 的同样"片段"所构成的，如图 10-30 所示。

在国际单位制中，波长的单位为 m，常用单位还有 cm、μm、nm。

2. 波速 u

单位时间内波（振动状态）所传播的距离称为**波速**，用 u 表示。由于振动状态是由相位确定的，所以波速也是波的相位传播速度，故波速又称为波的相速度。

机械波的波速取决于传播波的介质的弹性和惯性，不同介质中波传播的速度是不同的，在同一种介质中横波和纵波传播的速度也不一定相同。理论证明（过程从略），固体和流体中的波速与介质的关系为

$$\text{固体中} \quad \begin{cases} \text{横波}: u = \sqrt{\dfrac{G}{\rho}} \\[2mm] \text{纵波}: u = \sqrt{\dfrac{Y}{\rho}} \end{cases} \tag{10-32}$$

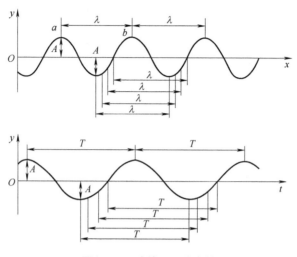

图 10-30　波的双重周期性

流体中

$$u=\sqrt{\frac{K}{\rho}} \tag{10-33}$$

式中，G 为切变模量；Y 为弹性模量，又称杨氏模量；K 为体积模量；ρ 为介质密度。G、Y、K 是材料的特征常数，由上述波速公式可知，机械波的波速正比于介质模量的平方根，而反比于介质密度的平方根。这一点也定性地说明，介质的弹性越强，介质越轻，则各质元之间互相带动越容易，波的传播速度也就越大。

3. 波的周期 T

波传播一个波长的距离所需要的时间，即为波的**周期**，用 T 表示。则有

$$T=\frac{\lambda}{u} \tag{10-34}$$

波的周期也是波源的振动周期，介质质元振动的周期与波源周期相同，所以也是波的周期。由以上分析可看出：波动过程中，波源完成一次全振动，即相位增加一个 2π，所用的时间与波传播一个波长距离所需时间相同，此关系可以写为

$$\frac{2\pi}{\omega}=\frac{\lambda}{u} \tag{10-35}$$

式中，ω 为波源振动的角频率。相应的，波动过程中，Δt 时间内，波源的相位增加为 $\Delta\varphi=\omega\Delta t$，波传播的距离为 $x=u\Delta t$。两式相比，并约去时间 Δt，有

$$\frac{\Delta\varphi}{x}=\frac{\omega}{u} \tag{10-36}$$

比较式（10-34）和式（10-35）可得

$$\frac{\Delta\varphi}{2\pi}=\frac{x}{\lambda} \tag{10-37}$$

式（10-36）在使用时，$\Delta\varphi$ 既可以理解为波源的相位增量，也可以理解为相距为 x 的两质点的相位差值。另外，根据波速 $u=\dfrac{\lambda}{T}$，及讨论相距为 x 的两质点间波传播时间为 Δt，波

速也可写为 $u = \dfrac{x}{\Delta t}$，则有

$$\frac{\Delta t}{T} = \frac{x}{\lambda} \tag{10-38}$$

结合式（10-37）和式（10-38）有

$$\frac{x}{\lambda} = \frac{\Delta \varphi}{2\pi} = \frac{\Delta t}{T} \tag{10-39}$$

波的周期 T 反映波的时间周期性，说明整个波动情况以 T 为周期一遍又一遍地重演。

周期的倒数称为波的**频率**，用 γ 表示，即

$$\gamma = \frac{1}{T}$$

频率的物理意义可以理解为：单位时间内传播完整波的个数。

在国际单位制中，周期的单位为秒（s），频率的单位为赫兹（Hz）。

波的周期性如图 10-30 所示。

在以上三个描述波的物理量中：周期由波源决定，波速由传播波的介质决定，而波长则由波源和介质共同来制约。

例 10-15 钢琴的中央 C 键，对应的频率是 262Hz，试求 20℃ 时在空气中相应声波的波长。（20℃ 时空气中的声速为 340m·s⁻¹）

解： 由式 $T = \dfrac{\lambda}{u}$ 及 $\nu = \dfrac{1}{T}$ 可知

$$\lambda = \frac{u}{\nu} = \frac{340}{262}\text{m} \approx 1.30\text{m}$$

例 10-16 铸铁的弹性模量 $Y \approx 10^{11}\text{N·m}^{-2}$，切变模量 $G = 5 \times 10^{10}\text{N·m}^{-2}$，密度为 $\rho = 7.6 \times 10^3 \text{kg·m}^{-3}$。试求铸铁中横波和纵波的速度。

解： 由式（10-33）可知，固体中横波的速度为

$$u = \sqrt{\frac{G}{\rho}} = \sqrt{\frac{5 \times 10^{10}}{7.6 \times 10^3}}\text{m·s}^{-1} \approx 2560\text{m·s}^{-1}$$

固体中纵波的波速为

$$u = \sqrt{\frac{Y}{\rho}} = \sqrt{\frac{10^{11}}{7.6 \times 10^3}}\text{m·s}^{-1} \approx 3800\text{m·s}^{-1}$$

可见，同一种介质，纵波的传播速度比横波大。

例 10-17 一声波在空气中传播，频率为 2500Hz，在传播方向上经 A 点后再经 34cm 而传至 B 点。试求：（1）从 A 点传播到 B 点所需要的时间；（2）波在 A、B 两点振动时的相位差；（3）设波源做简谐振动，振幅为 1mm，求质元振动速度的最大值。

解： （1）声波在空气中传播的速度为 340m·s⁻¹ 则从 A 点传播到 B 点所需要的时间为

$$\Delta t = \frac{\overline{AB}}{u} = \frac{0.34}{340}\text{s} = 1 \times 10^{-3}\text{s}$$

（2）波的周期为

$$T = \frac{1}{\nu} = \frac{1}{2500}\text{s} = 4 \times 10^{-4}\text{s}$$

由于 $\dfrac{\Delta\varphi}{2\pi}=\dfrac{\Delta t}{T}$，所以波在 A、B 两点振动时的相位差为

$$\Delta\varphi=\frac{\Delta t}{T}\times2\pi=\frac{1\times10^{-3}}{4\times10^{-4}}\times2\pi=5\pi$$

（3） 如果振幅 $A=1\mathrm{mm}$，则振动速度的最大值为

$$v_{\omega}=A\omega=(0.001\times2\pi\times2500)\,\mathrm{m\cdot s^{-1}}=15.7\mathrm{m\cdot s^{-1}}$$

声波在空气中传播的速度为 $340\mathrm{m\cdot s^{-1}}$，可见，质元的振动速度和波的传播速度是不同的两个物理量。

10.6 平面简谐波表达式的建立与意义

为定量计算和分析方便，需要建立平面简谐波的表达式。本节首先介绍平面简谐波表达式建立的基本方法和步骤，然后讨论平面简谐波表达式的意义。

10.6.1 平面简谐波表达式的建立

波动是振动在空间的传播过程，所以描述出介质中各质元的振动状态是得出波动表达式的关键。实验证明，复杂波可以看成是由若干个不同频率的简谐波合成的，因而研究波动，简谐波是基础。下面以平面简谐横波为例，建立平面简谐波的表达式。

1. 平面简谐波表达式的建立

如图 10-31a 所示，设一平面简谐横波在均匀介质中向右传播，各波面彼此平行，波线为一组平行直线。在同一波面上，各质元的振动状态完全相同，沿每一条波线，振动的传播情况都是相同的，因而任意一条波线上的波动情况可以代表整个平面波的传播情况。

如图 10-31b 所示，建立 Ox 轴与其中一条波线重合，设波的传播方向为 x 轴正向，并设介质中质元的振动沿 y 轴方向。根据简谐振动的知识，可以设坐标原点 O 处质元的简谐振动表达式为

$$y_O=A\cos(\omega t+\varphi_0)$$

（1） 波沿 x 轴正方向传播　O 点的振动状态沿波线（即 x 轴）传播下去，当 O 点的振动传播到距离 O 点为 x 处的一点 P 时，P 点将以同样的振幅和频率重复 O 点的振动，只是在相位上较为滞后。P 点滞后 O 点的相位为 $\Delta\varphi=\dfrac{2\pi}{\lambda}x$，所以 P 点的振动表达式为

$$y=A\cos\left(\omega t+\varphi_0-\frac{2\pi}{\lambda}x\right) \qquad (10\text{-}40)$$

式（10-40）可以表示波传播过程中，介质中任

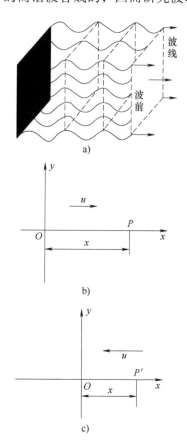

图 10-31 平面简谐波表达式的建立

意（坐标为 x）一个质点在任意时刻（时间为 t）的运动状态，或者说，此式能够表示出所有质点所有时刻的运动状态，即此式可以表示整个波动过程，称此式为**平面简谐波的表达式**。

（2）波沿 x 轴负方向传播　如果波沿 x 轴负方向传播，如图 10-31c 所示，此时 P' 点的相位超前于 O 点的相位为 $\Delta\varphi = \dfrac{2\pi}{\lambda}x$，因而波的表达式可以写为

$$y = A\cos\left(\omega t + \varphi_0 + \frac{2\pi}{\lambda}x\right) \tag{10-41}$$

（3）平面简谐波的表达式　综合以上两种情况，平面简谐波的表达式的一般形式为

$$y = A\cos\left(\omega t + \varphi_0 \pm \frac{2\pi}{\lambda}x\right) \tag{10-42}$$

式中，x 表示质元的空间坐标；t 表示质元振动的时间；y 表示质元离开自己平衡位置的位移；"$-$" 号代表波沿 x 轴正向传播；"$+$" 号代表波沿 x 轴负向传播。

将式（10-42）变形（读者可自行推导），可得波动表达式的另一个常用形式为

$$y = A\cos\left[\omega\left(t \pm \frac{x}{u}\right) + \varphi_0\right]$$

2. 建立波表达式的基本方法和步骤

由以上推导过程可知，建立波表达式的基本方法和步骤为

（1）写出坐标原点 O 处质元的振动表达式 $y_0 = A\cos(\omega t + \varphi_0)$。

（2）判断波的传播方向上任意一点处质元振动相位与 O 点处质元振动相位之间的相位差 $\Delta\varphi = \dfrac{2\pi}{\lambda}x$（$x$ 为任意一质元的坐标）。

（3）确定波的传播方向与 x 轴正方向之间的关系，并写出波的表达式。两者方向一致时，波的表达式中相位差前用 "$-$" 号；两者方向相反时，波的表达式中相位差前用 "$+$" 号。

上面所得的波的表达式具有普遍意义，理论表明，它不仅适用于平面简谐横波，也适用于平面简谐纵波和平面电磁简谐波。只不过，这时 y 分别代表质元的纵向振动位移和电磁参量。

例 10-18　一平面简谐波沿 x 轴正方向传播，已知 $A = 0.1\text{m}$，$T = 2\text{s}$，$\lambda = 2.0\text{m}$。在 $t = 0$ 时，原点处质元位于平衡位置且沿 y 轴正方向运动。试求波动的表达式。

解：设原点 O 处质元的振动表式为

$$y_0 = A\cos(\omega t + \varphi_0)$$

角频率为

$$\omega = \frac{2\pi}{T} = \pi$$

由于在 $t = 0$ 时原点处的质元位于平衡位置处且沿 y 轴正方向运动，由旋转矢量图 10-32 可看出 $\varphi_0 = -\dfrac{\pi}{2}$，则原点 O 处的振动表达式为

$$y_0 = A\cos\left(\pi t - \frac{\pi}{2}\right)$$

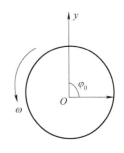

图 10-32　例 10-18 图

平面简谐波沿 x 轴正方向传播，则波动的表达式为

$$y = A\cos\left(\omega t + \varphi_0 - \frac{2\pi}{\lambda}x\right) = 0.1\cos\left(\pi t - \frac{\pi}{2} - \pi x\right) \text{ (SI)}$$

例 10-19 波长为 λ 的平面简谐波以速度 u 沿 x 轴正方向传播，已知 $x = \frac{\lambda}{4}$ 处质元的振动表达式为 $y = A\cos\omega t$。试求此波的波动表达式。

分析：当波沿 x 轴的正方向传播时，可设简谐波表达式的一般形式为 $y = A\cos\left(\omega t + \varphi_0 - \frac{2\pi}{\lambda}x\right)$，此形式是以坐标原点的振动表达式为基础推导而来的。但此题中已知的是 $x = \frac{\lambda}{4}$ 处质元简谐振动的表达式，而不是坐标原点处的，所以我们应从已知出发先推导坐标原点处简谐振动的表达式。

解：波沿 x 轴正方向传播，所以坐标原点 $x = 0$ 处的质元振动超前 $x = \frac{\lambda}{4}$ 处的质元，超前的相位为

$$\Delta\varphi = \frac{2\pi}{\lambda}x = \frac{2\pi}{\lambda}\times\frac{\lambda}{4} = \frac{\pi}{2}$$

根据 $x = \frac{\lambda}{4}$ 处质元振动表达式为 $y = A\cos\omega t$，可得原点处质元简谐振动的振动表达式应为

$$y_O = A\cos\left(\omega t + \frac{\pi}{2}\right)$$

波沿 x 轴正方向传播，根据平面简谐波的表达式一般形式，可写出此简谐波的表式达为

$$y = A\cos\left(\omega t + \frac{\pi}{2} - \frac{2\pi}{\lambda}x\right)$$

10.6.2 波动表达式的物理意义

由平面简谐波的波动表达式可知，质元的位移 y 既是时间 t 的函数，又是空间坐标 x 的函数，即 $y = y(x, t)$，所以波的表达式实际上表达了介质中所有质元任意时刻离开平衡位置的位移情况。

若令波动表达式中 x 等于某一给定值，则 y 仅为时间 t 的函数。这就相当于盯住介质中某一点，考查该处质元每时每刻的振动情况，此时波的表达式即为该处质元简谐振动的振动表达式，可以根据振动表达式分析该质元的振动情况，并画出这一点的振动曲线。

例 10-20 已知一沿 x 轴方向传播的平面简谐波的波动表达式为 $y = 2\cos\left[2\pi\left(t - \frac{x}{2}\right) + \frac{\pi}{2}\right]$ (SI)，试求：（1）波的传播方向；（2）$x = 2\text{m}$ 处质元的振动表达式，并画出振动曲线。

解：（1）把此波的表达式变形成一般形式，得

$$y = 2\cos\left(2\pi t + \frac{\pi}{2} - \frac{2\pi}{2}x\right) \text{ (SI)}$$

将此式与波的表达式一般形式进行对照，可知此波沿 x 轴正方向传播。

（2）将 $x=2\mathrm{m}$ 代入波动表达式，可得此处质元的振动表达式为

$$y = 2\cos\left[2\pi\left(t-\frac{2}{2}\right)+\frac{\pi}{2}\right] = 2\cos\left(2\pi t+\frac{\pi}{2}\right)\ (\mathrm{SI})$$

振动曲线如图 10-33 所示，周期 $T=1\mathrm{s}$。

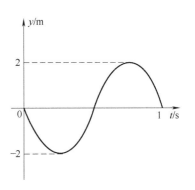

图 10-33　例 10-20 图

若令波动表达式中 t 等于某一给定值，则 y 仅为空间坐标 x 的函数。这就表示在同一时刻统观波线上各质元，考查它们在给定时刻离开自己平衡位置的情况，若把此刻波传播方向上各点位置描出，则可得到波动在该时刻的"照片"，这时波的表达式即为该给定时刻的波形表达式，画出的曲线为该时刻平面简谐波的波形曲线。

例 10-21　已知条件如例题 10-20，试求 $t=2\mathrm{s}$ 时的波形方程并画出波形曲线。

解：将 $t=2\mathrm{s}$ 代入波动表达式，可得波形方程为

$$y = 2\cos\left[2\pi\left(2-\frac{x}{2}\right)+\frac{\pi}{2}\right] = 2\cos\left(\frac{\pi}{2}-\pi x\right)\ (\mathrm{SI})$$

波形曲线如图 10-34 所示，波长 $\lambda=2\mathrm{m}$。

画波形曲线的基本方法和步骤：

（1）建立直角坐标系 Oxy。

（2）根据波形方程确定 $x=0$ 时的 y 值，并把对应点画在坐标系中，此点为波形曲线的起头点。

（3）判断随着 x 值增加 y 值的变化情况，进而判断波形曲线的走势。

（4）求出波动的振幅及波长，根据波形曲线走势，在坐标系中画出至少一个完整波长的波形曲线。

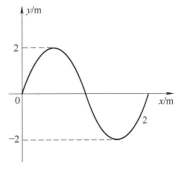

图 10-34　例 10-21 图

（5）若波动表达式中 x、t 同时变化，则波的表达式给出了介质中任意质元在任意时刻的振动情况。前后各个时刻的波形曲线是波动的"电影"，动态地反映了波形的传播。图 10-35 中，t 时刻的波形如实线所示，下一时刻 $t+\Delta t$ 时的波形则如图中虚线所示，后一时刻的波形是前一时刻波形沿传播方向在空间平行推移的结果。

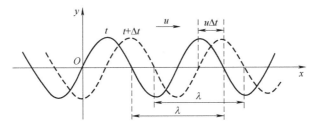

图 10-35　波形的平移

例 10-22　某潜水艇声呐发出的超声波为平面简谐波，振幅 $A=1.2\times10^{-3}\mathrm{m}$，频率 $\nu=5.0\times10^{4}\mathrm{Hz}$，波长 $\lambda=2.85\times10^{-2}\mathrm{m}$，波源振动的初相位 $\varphi_0=0$。试求：（1）该超声波的表达式；（2）距离波源 2m 处质元简谐振动表达式；（3）距离波源 8.00m 与 8.05m 的两质元振

动的相位差。

解：（1）设该超声波的表达式为

$$y = A\cos\left(\omega t + \varphi_0 - \frac{2\pi}{\lambda}x\right)$$

根据已知条件，有

$$\omega = 2\pi\nu = \left(2\pi \times 5.0 \times 10^4\right)\text{rad} \cdot \text{s}^{-1} = \pi \times 10^5\text{rad} \cdot \text{s}^{-1}$$

连同 $A = 1.2 \times 10^{-3}$m、$\lambda = 2.85 \times 10^{-2}$m、$\varphi_0 = 0$，代入超声波表达式得

$$y = 1.2 \times 10^{-3} \times \cos\left(\pi \times 10^5 t - 2\pi\frac{x}{2.85 \times 10^{-2}}\right) = 1.2 \times 10^{-3}\cos\left(10^5\pi t - 220x\right)\,(\text{SI})$$

（2）将 $x = 2$m 代入上问结果中，可得到 2m 处质元的振动表达式

$$y = 1.2 \times 10^{-3} \times \cos\left(10^5 t - 220 \times 2\right) = 1.2 \times 10^{-3}\cos\left(10^5\pi t - 440\right)\,(\text{SI})$$

（3）由简谐波的表达式可知，波线上两点间的相位差为

$$\Delta\varphi = \frac{2\pi}{\lambda}\left(x_2 - x_1\right) = \frac{2\pi}{\lambda}\Delta x$$

将 $\Delta x = x_2 - x_1 = \left(8.05 - 8.00\right)$m $= 0.05$m 及 $\lambda = 2.85 \times 10^{-2}$ m 代入得

$$\Delta\varphi = \frac{2\pi}{\lambda}\Delta x = \frac{2\pi \times 0.05}{2.85 \times 10^{-2}}\text{rad} = 11\text{rad}$$

10.7　波的能量

由波动过程物理本质可知，波在介质中传播时，介质中的每个质元不断地接收波源方向质元传来的能量，同时又不断地向下一个质元放出能量，从而实现了波动过程中能量的传播。本节以介质中任一体积为 ΔV 的弹性质元为例，讨论其所具有的能量，以及波的能量传播过程中所具有的特征。

10.7.1　波的动能、弹性势能和机械能

设有一平面简谐波在密度为 ρ 的弹性介质中沿 x 轴正向传播，波速为 u，波的表达式为

$$y = A\cos\left(\omega t + \varphi_0 - \frac{2\pi}{\lambda}x\right)$$

坐标为 x 处、体积为 ΔV 的弹性质元质量为 $\Delta m = \rho\Delta V$，该质元可视为质点，当波传到该质元所在处时，其振动速度为（由于此时质元相对于平衡位置的位移 y 是时间 t 与位置坐标 x 的函数，所以求振动速度时应是位移 y 对时间 t 求一阶偏导数）

$$v = \frac{\partial y}{\partial t} = -A\omega\sin\left(\omega t + \varphi_0 - \frac{2\pi}{\lambda}x\right)$$

质元的动能为

$$E_k = \frac{1}{2}\Delta m v^2 = \frac{1}{2}\rho\Delta V A^2\omega^2\sin^2\left(\omega t + \varphi_0 - \frac{2\pi}{\lambda}x\right) \tag{10-43}$$

式（10-43）表明，质元中的动能是随时间 t 做周期性变化的（同一质元，不同时刻的动能值不同）；同时，动能随 x 值做周期性变化，即在同一时刻介质中不同质元所具有的动

能也是不同的。

该处质元因形变而具有弹性势能，可以证明（证明过程略），该质元的弹性势能为

$$E_p = \frac{1}{2}\rho\Delta VA^2\omega^2\sin^2\left(\omega t+\varphi_0-\frac{2\pi}{\lambda}x\right) \tag{10-44}$$

式（10-43）和式（10-44）表明，质元的势能与动能一样，不是恒定不变的，而是随时间、位置做周期性的同步调的变化。

该质元所具有的总机械能为

$$E = E_k+E_p = \rho\Delta VA^2\omega^2\sin^2\left(\omega t+\varphi_0-\frac{2\pi}{\lambda}x\right) \tag{10-45}$$

式（10-45）表明，波动在弹性介质中传播时，介质中任一质元的总机械能随时间做周期性变化。这说明，质元和相邻质元之间有能量交换，当质元的能量增加时，说明它在从相邻质元中吸收能量；当质元的能量减少时，说明它在向相邻质元释放能量。正因质元不断吸收能量和释放能量，才实现了能量不断地从介质中的一部分传递给另一部分，这也充分说明了波动过程就是一个能量传播的过程。

应当注意，波动的能量与简谐振动的能量有着明显的区别。在一个孤立的简谐振动系统中，它和外界没有能量交换，机械能守恒，即动能与势能在不断地相互转化，但机械能总和不变，当动能极小时，势能为极大，当势能为极小时，动能为极大；而在波动中，质元所具有的能量并不守恒，介质中任意点处的质元均受到其前后两侧质元弹性力的作用，该质元从其前面质元处吸收能量，同时又向其后面的质元放出能量，但由于前后两质元对该质元的弹性力的作用效果不同，所以该质元的能量"收""支"是不平衡的，在能量传输的过程中，自身的能量也在改变，且自身的动能和势能的改变是同步的，即质元的动能和势能同时同处达到最大，动能为零时势能也为零。

10.7.2　波的能量密度

由式（10-45）可知，波动的能量与所取质元的体积 ΔV 有关，为了描述其能量的分布情况，以便进行两列波能量变化的比较，需要将体积因素排除掉，我们引入了能量密度的概念。单位体积介质中所具有的波动能量称为**波的能量密度**，用 w 表示。由式（10-45）可知，波的能量密度为

$$w = \frac{E}{\Delta V} = \rho A^2\omega^2\sin\left(\omega t+\phi_0-\frac{2\pi}{\lambda}x\right) \tag{10-46}$$

在国际单位制中，能量密度的单位为焦/米^3（$J\cdot m^{-3}$）。

由式（10-46）可知，能量密度 w 也是随时间变化的，所以通常在估算介质中的能量时，采用能量密度对时间的平均值，它被称作平均能量密度，用 $\overline{w}$ 表示。根据正弦函数的平方在一个周期中的平均值为 $\frac{1}{2}$，可得**波的平均能量密度**为

$$\overline{w} = \frac{1}{2}\rho A^2\omega^2 \tag{10-47}$$

在国际单位制中，平均能量密度的单位也是焦/米^3（$J\cdot m^{-3}$）。

式（10-46）说明，平均能量密度与波振幅的平方、角频率的平方及介质密度成正比，

此公式适用于各种弹性波。

10.7.3 波的能流及能流密度

波是能量传递的一种方式，波动过程也就是能量的传播过程。为了分析能量传播过程的特点，我们首先引入能流的概念。

1. 波的能流

能量在介质中流动，一束波就是一束能量流。能量流的流量亦即单位时间内通过介质中某一垂直截面的能量，称为通过该截面的**能流**。如图 10-36 所示，设想在介质中垂直于波速的方向上取一截面 ΔS，则在 Δt 时间内通过该截面的能量就等于 ΔS 面后方体积为 $\Delta S \cdot u\Delta t$ 中的能量，这一能量等于 $w\Delta S \cdot u\Delta t$，则通过这一截面 ΔS 的能流（以 P 表示）为

$$P = \frac{w\Delta S \cdot u\Delta t}{\Delta t} = w\Delta S \cdot u \qquad (10\text{-}48)$$

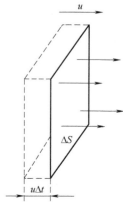

图 10-36　波的能流计算

在式（10-48）中，由于 w 是随时间变化的函数，所以，波的能流 P 也随时间变化。由于波的周期通常比人或大多数仪器的反应小得多，所以常取 P 的时间平均值作为波的能量流的量度，称为**平均能流**，以代替式（10-48）中的 w，得波的平均能流为

$$\overline{P} = \overline{w}\Delta S \cdot u = \frac{1}{2}\Delta S \cdot \rho u \omega^2 A^2 \qquad (10\text{-}49)$$

在国际单位制中，波的平均能流的单位为瓦（W）。

2. 波的能流密度（波的强度）

波的能流与所考察的面积有关，并不能客观地反映出介质中能量流的强度。为此我们定义：单位垂直截面上的平均能流，亦即单位时间内通过单位垂直截面的平均能量为**波的能流密度**，又称为**波的强度**，以 I 表示，则有

$$I = \frac{\overline{P}}{\Delta S} = \frac{1}{2}\rho u \omega^2 A^2 \qquad (10\text{-}50)$$

在国际单位制中，波的强度的单位为瓦/米^2（W·m^{-2}）。

由式（10-50）可知，波的强度与振幅的平方、角频率的平方成正比，超声波因其角频率大而强，次声波因其振幅大而强。波的强度越大，单位时间内通过垂直于波的传播方向的单位面积的能量越多，波就越强。例如，声音的强弱取决于声波的能流密度（称为声强）的大小；光的强弱决定于光波的能流密度（称为光强）的大小。

波在传播过程中，其强度可能会发生衰减造成强度减弱的原因有两个：一是介质对波能量的吸收；二是对于球面波来说，波向外传播时，波的截面越来越大，从而引起能量分布发生变化，能量分布在大的截面上，波的强度自然要减小。若平面简谐波在各向同性、均匀、无吸收的理想介质中传播，其强度不变，由式（10-50）可知，其振幅在传播过程中将保持不变。

例 10-23 设一列平面简谐波在密度为 $\rho = 0.8 \times 10^3 \text{kg} \cdot \text{m}^{-3}$ 的介质中传播，其波速为 $10^3 \text{m} \cdot \text{s}^{-1}$，振幅为 $1.0 \times 10^{-3}\text{m}$，频率为 $\nu = 1\text{kHz}$。试求：（1）波的能流密度；（2）1min 内

通过垂直截面 $S = 2 \times 10^{-4} \mathrm{m}^2$ 的总能量。

解：（1）由式 $I = \dfrac{1}{2} \rho u \omega^2 A^2$ 及 $\omega = 2\pi\nu$ 可知，波的能流密度为

$$I = \left[\frac{1}{2} \times 0.8 \times 10^3 \times (1.0 \times 10^{-3})^2 \times (2\pi \times 10^3)^2 \times 10^3 \right] \mathrm{W \cdot m^{-2}} = 1.58 \times 10^7 \mathrm{W \cdot m^{-2}}$$

（2）由于能流密度是单位时间内通过垂直于波传播方向的单位面积上的平均能量，则 t 时间内垂直通过面积为 S 的总能量为

$$E = ISt$$

由已知 $S = 2 \times 10^{-4} \mathrm{m}^2$，$t = 60\mathrm{s}$，则

$$E = (1.58 \times 10^7 \times 2 \times 10^{-4} \times 60) \mathrm{J} \approx 1.90 \times 10^5 \mathrm{J}$$

例 10-24　假设灯泡功率的 5% 是以可见光形式发出的，若将灯泡看成一个点波源，它发出的光波在各个方向上均匀分布并通过均匀介质向外传播。试求：与一个 60W 灯泡相距为 1.5m 处的可见光波的强度。

分析：功率是单位时间内的能量，而光的强度为单位时间通过垂直单位面积的能量，所以两者的关系应为 $P = IS$。

解：灯泡以可见光形式输出的功率为

$$P_0 = 60\mathrm{W} \times 5\% = 3\mathrm{W}$$

球面光波的强度为

$$I = \frac{P_0}{S} = \frac{P_0}{4\pi r^2}$$

当 $r = 1.5\mathrm{m}$ 时，有

$$I = \frac{P_0}{4\pi r^2} = \frac{3}{4\pi \times 1.5^2} \mathrm{W \cdot m^{-2}} = 0.1 \mathrm{W \cdot m^{-2}}$$

10.8　波的叠加原理　波的干涉

前面研究的都是一列波在空间传播的情况，如果空间有几列波在传播，在几列波相遇处，情况会如何呢？实验证明，当几列波在空间中相遇而叠加时，会出现许多有趣的现象，并引发了许多重要的实际应用。本节将介绍波的叠加原理、产生波干涉现象的条件，以及在波的干涉区域加强、减弱点的条件。

10.8.1　波的叠加原理

在平静的水面上投入两个小石子，它们会分别激起一列波纹，当两列波纹相遇时，它们交叉而过，各自不受对方影响，每列波纹都按自己原来的规律向前传播，原来是圆形波纹的仍保持其圆形波纹不变，就好像另一列波并不存在一样；又如两个探照灯所发出的光束，交叉后仍按原来各自的方向传播，彼此互不影响；再如乐队的合奏，其声波并没有因为在空间交叠而发生变化，它们总能保持自己原有的特性不变，因而人们能够分辨出乐曲声中都包含哪种乐器的声音。大量实验事实证明，几列波在空间相遇，各波原有特性保持不变，这就是说，在传播过程中，波动具有独立性。正因为波传播的独立性，当几列波同时传到空间的

某一点而相遇时，每列波都单独引起该点质元的振动，所以该点的振动就是各列波在该点所引起的各个振动的合成。综上所述，在几列波相遇的区域内，各波原有特性（振幅、频率、波长、振动方向和传播方向）保持不变，介质中任一点的振动为各波列单独在该点所引起振动的合成，这称为**波的叠加原理**。

叠加原理是从大量实验事实的观察中总结出来的，一般来说，几列波叠加以后的情况是很复杂的，而且是随时间变化的，其中比较简单且比较有意义的是波的干涉现象。

10.8.2 波的干涉

1. 波的干涉现象

满足一定条件的两列波在空间相遇而叠加时，交叠区域某些地方的合振动始终加强，而另一些地方的合振动始终减弱，这种有规律的叠加现象称为**波的干涉现象**。能够产生干涉现象的两列波称为**相干波**。

那么，什么样的波才是相干波呢？

2. 相干波的条件

波动是振动的传播过程，某处波的叠加其实就是该处振动的叠加，只不过波叠加时参与叠加的质元不止一个，而是介质中众多质元这一群体。由简谐振动合成的知识我们知道，振动方向相同的两个振动叠加要比不同方向的振动叠加简单。其中最简单的情况是：频率相同、振动方向相同的两个振动的叠加，这样两个振动叠加而成的合振动的振幅为

$A_{合} = \sqrt{A_1^2 + A_2^2 + 2A_1A_2\cos\Delta\varphi}$。

设图 10-37 中所示的频率相同、振动方向相同的两波源 S_1、S_2 简谐振动的表达式分别为

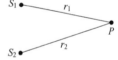

图 10-37　波的叠加

$$y_{10} = A_1\cos(\omega t + \varphi_{10})$$
$$y_{20} = A_2\cos(\omega t + \varphi_{20})$$

由 S_1、S_2 发出的两列波沿波线方向分别传播了 r_1 和 r_2 到达 P 点，它们引起 P 点简谐振动的表达式分别为

$$y_1 = A_1\cos\left(\omega t + \varphi_{10} - \frac{2\pi}{\lambda}r_1\right)$$

$$y_2 = A_2\cos\left(\omega t + \varphi_{20} - \frac{2\pi}{\lambda}r_2\right)$$

在 P 点两振动的相位差为

$$\Delta\varphi = \varphi_{20} - \varphi_{10} - \frac{2\pi}{\lambda}(r_2 - r_1) \tag{10-51}$$

由式（10-51）可知，对于空间任一点，相位差 $\Delta\varphi$ 是个与时间无关的常量，即恒量，因而 P 点的合振动的振幅 $A_{合}$ 也就不随时间变化，在 P 点会发生波的干涉现象。

对于振动方向相同、频率不同的两个简谐振动的叠加，由振动的合成理论可知，相位差 $\Delta\varphi$ 是与时间有关的量，其合振动振幅就随时间的变化而变化，故它们不可能形成干涉现象。

由此可见，只有同频率、同振动方向、相位差恒定的两个简谐波才是相干波。能发射相干波的波源称为**相干波源**。

3. 干涉加强、减弱条件

满足相干波条件的两列波在空间传播相遇时，两列波就会发生干涉现象，即介质中某些地方合振动始终加强，某些地方合振动始终减弱。介质中任一点的合振动是加强还是减弱由式（10-51）所给出的相位差来决定。当相位差为 π 的偶数倍时，合成振幅最大（$A_合 = A_1 + A_2$），合振动加强。故干涉加强条件为

$$\Delta\varphi = \varphi_{20} - \varphi_{10} - \frac{2\pi}{\lambda}(r_2 - r_1) = 2k\pi \tag{10-52}$$

当相位差为 π 的奇数倍时，合成振幅最小（$A_合 = |A_1 - A_2|$），合振动减弱。故干涉减弱的条件为

$$\Delta\varphi = \varphi_{20} - \varphi_{10} - \frac{2\pi}{\lambda}(r_2 - r_1) = (2k+1)\pi \tag{10-53}$$

上述两式中，k 的取值为 0，± 1，± 2，$\cdots$。

当两相干波源为同相位，即 $\varphi_{10} = \varphi_{20}$ 时，两波叠加处相位差为 $\Delta\varphi = \frac{2\pi}{\lambda}(r_2 - r_1)$，$r_1$ 和 r_2 分别为两波在介质中传播的几何路程，称为**波程**。式中的（$r_2 - r_1$）为两相干波到达相遇点的波程之差，称为**波程差**，以 δ 表示，即 $\delta = r_2 - r_1$。代回式（10-53），可得相位差与波程差的关系为

$$\Delta\varphi = 2\pi\frac{\delta}{\lambda} \tag{10-54}$$

式（10-54）表明，两相干波的波程差为波长的整数倍时，其相位差为 π 的偶数倍，两波干涉加强。若用波程差来表示相位差，当两相干波源相位相同时，波干涉加强、减弱条件为

$$\delta = \begin{cases} 2k\dfrac{\lambda}{2} & \text{加强} \\[2mm] (2k+1)\dfrac{\lambda}{2} & \text{减弱} \end{cases} \qquad k = 0, \pm 1, \pm 2, \cdots \tag{10-55}$$

由此可见，波程差 δ 每变化半个波长，介质中质元的合振动就在强弱之间变化一次。

例 10-25　S_1、S_2 是两相干波源，相距 $\dfrac{1}{4}$ 波长，S_1 比 S_2 的相位超前 $\dfrac{\pi}{2}$。设两相干波源简谐振动的振幅相同。试求：（1）S_1、S_2 连线上在 S_1 外侧各点的合成波的振幅及强度；（2）在 S_2 的外侧各点处合成波的振幅及强度。

解：　由干涉加强、减弱的条件可知，合成波的振幅 $A_合$ 取决于相位差 $\Delta\varphi$。

（1）如图 10-38a 所示，S_1 外侧的任一点 P 距离 S_1 和 S_2 分别为 r_1 和 r_2，则两波传播到 P 点时相位差为

$$\Delta\varphi = \varphi_{20} - \varphi_{10} - \frac{2\pi}{\lambda}(r_2 - r_1) = -\frac{\pi}{2} - 2\pi\frac{\frac{\lambda}{4}}{\lambda} = -\pi$$

满足干涉减弱的条件，故干涉结果的振幅为

$$A_合 = |A_1 - A_2| = 0$$

各点的合成波的强度 $I_合 = 0$。

（2）如图 10-38b 所示，S_2 外侧的 Q 点距离 S_1 和 S_2 分别为 r_1 和 r_2，则两波传播到 Q 点时相位差为

$$\Delta\varphi = \varphi_{20} - \varphi_{10} - \frac{2\pi}{\lambda}(r_2 - r_1) = -\frac{\pi}{2} - 2\pi\frac{\left(-\frac{\lambda}{4}\right)}{\lambda} = 0$$

满足干涉加强的条件，所以

$$A_合 = A_1 + A_2 = 2A_1 = 2A_2$$

S_2 外侧各点的合成波强度为单个波强度的 4 倍。

例 10-26 两列振幅相同的平面简谐横波在同一介质中相向传播，波速均为 $200\text{m} \cdot \text{s}^{-1}$，当这两列波各自传播到相距为 8m 的 A、B 两点时，两点做同频率、同方向的

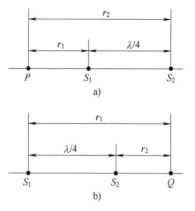

图 10-38　例 10-25 图

振动，频率为 100Hz，且 A 点为波峰时，B 点为波谷。试求 A、B 连线间因干涉而静止的各点位置。

分析： 由于这两点做同频率、同方向的振动，且 A 点为波峰时，B 点为波谷，即 A、B 两波源的振动相位差为 π，所以这两列波满足相干波的条件；若想求因干涉而静止的点，则要求两相干波传到这一点处相位差为 π 的奇数倍。

解： 以 A 点为坐标原点，沿 A、B 两点的连线为正向向右建立 Ox 轴。设由于干涉而静止的 P 点距 A 点为 x。

由于 $\lambda = \dfrac{u}{\nu} = \dfrac{200}{100} = 2\text{m}$，$\varphi_{20} - \varphi_{10} = \pi$，于是由 A 与 B 两点相干波源传播到 P 点所引起的两振动的相位差为

$$\Delta\varphi = \varphi_{20} - \varphi_{10} - 2\pi\frac{(r_2 - r_1)}{\lambda} = \pi - 2\pi\frac{8 - x - x}{2}$$

由于 P 点静止，应有

$$\Delta\varphi = \pi - \pi(8 - 2x) = (2k+1)\pi$$

联立上两式，求解得

$$x = (k+4)\text{ m}, k = 0, \pm 1, \pm 2, \pm 3, \pm 4, \cdots$$

A、B 之间有的质元振动始终加强，这些点称为**波腹**，有的质元振动始终减弱，这些点称为**波节**。A、B 之间两列波的干涉现象称为**驻波**。

习　题

10-1　一个小球和轻弹簧组成的系统，按

$$x = 0.05\cos\left(8\pi t + \frac{\pi}{3}\right)\text{ m}$$

的规律振动。

（1）求振动的角频率、周期、振幅、初相、大速度及最大加速度；

（2）求 $t = 1\text{s}$、2s、10s 等时刻的相位；

（3）分别画出位移、速度、加速度与时间的关系曲线。

10-2 有一个和轻弹簧相连的小球，沿轴做振幅为 A 的简谐振动。该振动的表达式用余弦函数表示。若 $t=0$ 时，球的运动状态分别为：（1）$x_0=-A$；（2）过平衡位置向 x 正方向运动；（3）过 $x=A/2$ 处，且向 x 负方向运动。试用相量图法分别确定相应的初相。

10-3 已知一个谐振子（即做简谐振动的质点）的振动曲线如图 10-39 所示。

（1）求与 a、b、c、d、e 各状态相应的相位；

（2）写出振动表达式；

（3）画出相量图。

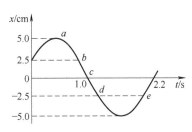

图 10-39 习题 10-3 图

10-4 做简谐振动的小球，速度最大值为 $v_m=3\text{cm}\cdot\text{s}^{-1}$，振幅 $A=2\text{cm}$，若从速度为正的最大值的某时刻开始计算时间，

（1）求振动的周期；

（2）求加速度的最大值；

（3）写出振动表达式。

10-5 水平弹簧振子，振幅 $A=2.0\times10^{-2}\text{m}$，周期 $T=0.50\text{s}$。当 $t=0$ 时，

（1）振子过 $x=1.0\times10^{-2}\text{m}$ 处，向负方向运动；

（2）振子过 $x=-1.0\times10^{-2}\text{m}$ 处，向正方向运动。

分别写出以上两种情况下的振动表达式。

10-6 两个谐振子做同频率、同振幅的简谐振动。第一个振子的振动表达式为 $x_1=A\cos(\omega t+\varphi)$，当第一个振子从振动的正方向回到平衡位置时，第二个振子恰在正方向位移的端点。

（1）求第二个振子的振动表达式和二者的相位差；

（2）若 $t=0$ 时，第一个振子 $x_1=-A/2$，并向 x 负方向运动，画出二者的 x-t 曲线及相量图。

10-7 两个质点平行于同一直线并排做同频率、同振幅的简谐振动。在振动过程中，每当它们经过振幅一半的地方时相遇，而运动方向相反。求它们的相位差，并作相量图表示。

10-8 一弹簧振子，弹簧劲度系数为 $k=25\text{N}\cdot\text{m}^{-1}$，当振子以初动能 0.2J 和初势能 0.6J 振动时，试回答：

（1）振幅为多大？

（2）位移为多大时，势能和动能相等？

（3）位移为振幅的一半时，势能多大？

10-9 将一劲度系数为 k 的轻质弹簧上端固定悬挂起来，下端挂一质量为 m 的小球，平衡时弹簧伸长为 b。试写出以此平衡位置为原点的小球的动力学方程，从而证明小球将做简谐振动并求出其振动周期。若它的振幅为 A，其总能量是否还是 $\frac{1}{2}kA^2$？（总能量包括小球的动能、重力势能以及弹簧的弹性势能，两种势能均取平衡位置为势能零点。）

10-10 一细圆环质量为 m，半径为 R，挂在墙上的钉子上。求它的微小摆动的周期。

10-11 一质点同时参与两个在同一直线上的简谐运动，其表达式为

$$x_1=0.04\cos\left(2t+\frac{\pi}{6}\right)$$

$$x_2=0.04\cos\left(2t+\frac{\pi}{6}\right)$$

试写出合振动的表达式。

10-12 太平洋上有一次形成的洋波速度为 $740\text{km}\cdot\text{h}^{-1}$，波长为 300km。这种洋波的频率是多少？横渡太平洋 8000km 的距离需要多长时间？

10-13 简谐横波以 $0.8\text{m}\cdot\text{s}^{-1}$ 的速度沿一长弦线传播。在 $x=0.1\text{m}$ 处，弦线质点的位移随时间的变化

关系为 $y=0.05\sin(1.0-4.0t)$。试写出波函数。

10-14 一横波沿绳传播，其波函数为

$$y=2\times10^{-2}\sin2\pi(200t-2.0x)$$

（1）求此横波的波长、频率、波速和传播方向；

（2）求绳上质元振动的最大速度并与波速比较。

10-15 据报道，1976 年唐山大地震时，当地某居民曾被猛地向上抛起 2m 高。设地震横波为简谐波，且频率为 1Hz，波速为 $3km\cdot s^{-1}$，它的波长多大？振幅多大？

10-16 平面简谐波在 $t=0$ 时的波形曲线如图 10-40 所示。

（1）已知 $u=0.08m/s$，写出波函数；

（2）画出 $t=T/8$ 时的波形曲线。

10-17 已知波的波函数为 $y=A\cos\pi(4t+2x)$，

（1）写出 $t=4.2s$ 时各波峰位置的坐标表示式，并计算此时离原点最近一个波峰的位置，该波峰何时通过原点？

（2）画出 $t=4.2s$ 时的波形曲线。

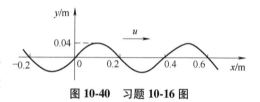

图 10-40 习题 10-16 图

10-18 频率为 500Hz 的简谐波，波速为 $350m\cdot s^{-1}$，

（1）沿波的传播方向，相位差为 60°的两点间距离多远？

（2）在某点，时间间隔为 $10^{-3}s$ 的两个振动状态，其相差多大？

10-19 位于 A、B 两点的两个波源，振幅相等，频率都是 100Hz，相位差为 π，若 A、B 相距 30m，波速为 $400m\cdot s^{-1}$，求 A、B 连线上二者之间叠加而静止的各点的位置。

10-20 一驻波函数为

$$y=0.02\cos20x\cos750t$$

求：（1）形成此驻波的两行波的振幅和波速各为多少？

（2）相邻两波节间的距离多大？

（3）$t=2.0\times10^{-3}s$ 时，$x=5.0\times10^{-2}m$ 处质点振动的速度多大？

10-21 一平面简谐波沿 x 正向传播，如图 10-41 所示，振幅为 A，频率为 ν，传播速度为 u。

（1）$t=0$ 时，在原点 O 处的质元由平衡位置向 x 轴正方向运动，试写出此波的波函数；

（2）若经分界面反射的波的振幅和入射波的振幅相等，试写出反射波的波函数，并求在 x 轴上因入射波和反射波叠加而静止的各点的位置。

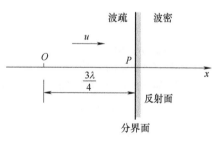

图 10-41 习题 10-21 图

第 11 章

电磁波理论

1864 年，麦克斯韦根据自己总结出来的电磁场的基本理论，预言了电磁波的存在，指出光是一种电磁波。1887 年，赫兹用振荡的电偶极子产生了电磁波，并证明了电磁波与光波一样能产生反射、折射、干涉、衍射、偏振等现象。科学实验还证实无线电波、光波、X射线等都是一定波长范围的电磁波。

电磁波实际上是变化着的电磁场在空间的传播过程，它的波源就是交替变化着的振荡电路。按照麦克斯韦的电磁场理论，变化的电场要激发变化的涡旋磁场，而变化的磁场又要激发变化的涡旋电场，这样互相激发，由近及远地使电磁振荡在空中传播开来，从而形成了电磁波动。

本章首先从振荡电路入手来说明电磁波的产生，然后对电磁波的性质进行讨论。

11.1 电磁振荡和赫兹实验

11.1.1 振荡电路

正如机械振动在介质中传播能够产生机械波一样，电磁振荡的传播也能够产生电磁波。最简单的电磁振荡由 LC 电路产生，它是由一个已充电的电容器 C 和一个自感线圈 L 串联而成的回路，如图 11-1 所示。

图 11-1a 表示被充电的电容器尚未放电，两极板间电压为最大值，这时电容器两极板上分别带有等量异号的电荷 $+Q_0$ 和 $-Q_0$，电路中电流为零，电场的能量全部集中在电容器的两极板间。电容器开始放电时，由于线圈的自感作用，电路中的电流不能立刻达到最大值，而是逐渐增大。在这个过程中，线圈周围的磁场随着电流的增大而增强，同时，电容器两极板上的正负电荷不断减少，因而电场不断减弱，电场能量不断减少。当 $t = T/4$（T 表示电磁振荡的周期）时，电容器放电完毕，此时电流达到最大值，电容器两极板间的电场能量全部转变成线圈中的磁场能量，如图 11-1b 所示。

当电容器放电完毕后，电路中的电流开始减少，但由于线圈的自感作用，电流不会立刻减小到零，而是保持原来的方向继续流动，对电容器进行反方向的充电。在这个过程中，随着电流的逐渐减少，线圈中的磁场能量减弱，电容器两极板上的正负电荷不断增大，两极板间的电场能量增强。这样，电路中的磁场能量又逐渐转变成电场能量。当 $t = T/2$ 时，电容器充电完毕，此时电路中电流为零，电容器两极板间的电压达到最大值，磁场能量全部转成电场能量，如图 11-1c 所示。此后，电容器开始反向放电，产生跟之前相反的电流。当 $t = 3T/4$ 时，电容器放电完毕，电流又达到最大值，电场能量又全部转变为磁场能量，如图 11-1d 所示。接着又给电容器正向充电，当 $t = T$ 时，充电完毕，磁场能量又全部转换成电场能量，如图 11-1e 所示。

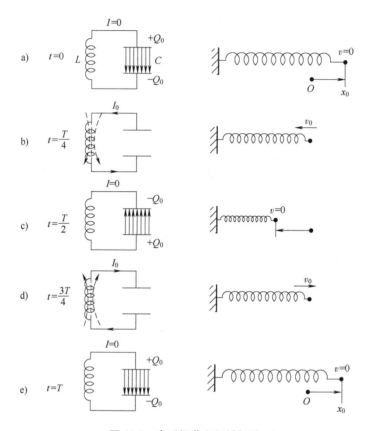

图 11-1　电磁振荡和机械振动

　　如此循环往复，电荷在电容器的两极板间来回流动，产生了电磁振荡。这种振荡与我们熟知的弹簧振子的机械振动可以类比，如图 11-1 所示。如果没有电阻、辐射等阻尼的存在，这种电磁振荡将持续反复进行，称为无阻尼自由振荡。

　　上面是对无阻尼自由电磁振荡的定性讨论。下面对在 LC 回路中，电荷和电流随时间变化的规律做一定量讨论。在图 11-1 中，设电容器的电容为 C，自感线圈的自感系数为 L，某一时刻电路中的电流为 I，极板上的电量为 q。自感线圈中的自感电动势 $\varepsilon = -L \dfrac{\mathrm{d}I}{\mathrm{d}t}$，由于 $R = 0$，根据欧姆定律，知自感电动势满足

$$-L \frac{\mathrm{d}I}{\mathrm{d}t} = \frac{q}{C}$$

而 $I = \dfrac{\mathrm{d}q}{\mathrm{d}t}$，故上式可写成

$$\frac{\mathrm{d}^2 q}{\mathrm{d}t^2} + \frac{1}{LC}q = 0$$

令 $\omega^2 = \dfrac{1}{LC}$，则上式变为

$$\frac{\mathrm{d}^2 q}{\mathrm{d}t^2} + \omega^2 q = 0 \tag{11-1}$$

这是熟知的简谐振动的微分方程，其解为

$$q = q_0 \cos(\omega t + \varphi_0) \tag{11-2}$$

对时间微分后，得

$$\begin{aligned}
I &= \frac{\mathrm{d}q}{\mathrm{d}t} = -\omega q_0 \sin(\omega t + \varphi_0) \\
&= -I_0 \sin(\omega t + \varphi_0) \\
&= I_0 \cos\left(\omega t + \varphi_0 + \frac{\pi}{2}\right)
\end{aligned} \tag{11-3}$$

式中，$I_0 = \omega q_0$，为电流的最大值，称为电流振幅。无阻尼自由电磁振荡的角频率、周期、频率分别为

$$\omega = \sqrt{\frac{1}{LC}}, \quad T = 2\pi\sqrt{LC}, \quad \nu = \frac{1}{2\pi}\sqrt{\frac{1}{LC}} \tag{11-4}$$

　　由式（11-2）和式（11-3）可以看出，在 LC 电磁振荡电路中，电荷和电流都随时间做周期性变化，电流的相位比电荷的相位超前 $\dfrac{\pi}{2}$。当电容器两极板上所带的电荷最大时，电路中的电流为零；反之，电流最大时，电荷为零。

　　还可以证明，在无阻尼自由振荡电路中，尽管电场能量与磁场能量是随时间而变化的，但是总的电场磁场能量之和却是保持不变的，是一恒量。

　　实际上，无阻尼自由振荡是一个理想化的情况。任何电路都存在电阻，电磁能量都会转变成为焦耳热和楞次热，并且振荡电路还会以电磁波的形式把电磁能量向周围空间辐射出去。因此，如果电路中没有电源来提供能量，那么在振荡过程中，电荷和电流的振幅都将随时间而逐渐变小，类似于有阻尼的机械振动，这种电磁振荡称为阻尼电磁振荡。

　　若在阻尼电磁振荡中，使用一周期性变化的电动势用于补充能量，使得电磁振荡中的电流振幅保持不变，如图 11-2 所示，则这种在外加周期性电动势的持续作用下产生的振荡称为受迫振荡。

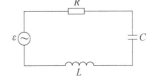

图 11-2　受迫电磁振荡电路

11.1.2　赫兹实验

　　上面提到的振荡电路是封闭式的 LC 串联谐振系统。系统在振荡过程中，虽然电场能量和磁场能量可以相互转化，但变化的电场局限于电容器中，而变化的磁场局限于电感线圈中，并不利于向外辐射电磁波。要使系统向外辐射电磁能量，必须将谐振系统做必要的改进。

　　理论证明，电磁振荡电路在单位时间内，向外辐射的电磁能量与频率的四次方成正比，

因此只有提高回路的振荡频率，才能将电磁能量更好地辐射出去。由 $\omega = \sqrt{\dfrac{1}{LC}}$ 可知，可以通过减小电路的 L、C 的值来实现增大 ω 的目的。另一方面，振荡电路必须改进，使其尽量成为开放式的电路，其改进步骤如图 11-3a~e 所示。这样改进后，电容器两个极板的面积 S 越来越小，间隙 d 越来越大，电容 C 变小；而线圈的匝数也变得越来越小，最后将一个振荡电路演变成一根直线形的振荡电偶极子，这样不仅可以提高振荡频率，而且电路越来越开放，电荷极性高速重复交替变化，十分有利于辐射电磁能量。

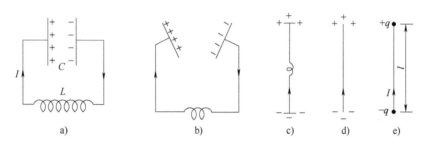

图 11-3　振动电路的改进

赫兹就曾经利用振荡偶极子从实验上证实了电磁波的存在。赫兹实验的装置如图 11-4 所示，E、F 是两根共轴的长 12in$^{\ominus}$ 的铜棒，棒的一端装有小铜球，两铜棒与感应线圈 L 的两极相连，小铜球 a、b 间留有缝隙。当调节感应线圈使得 a、b 间的电压高到足以使其间的空气击穿时，赫兹振子上的电荷经 a、b 而产生火花放电，回路中形成简谐性衰减振荡。赫兹振子的振荡频率很高，其数量级为 $10^8 \mathrm{Hz}$，因而有较强的电磁波被辐射出去。检波器的铜棒弯成环状，两端装有铜球 c、d，c、d 的间距可用螺旋调节，检波器距离振子约 10m 远。当赫兹振子的 a、b 间发生火花放电时，调节检波器 c、d 之间的距离到某一合适位置时，c、d 间也出现火花，这就是人类历史上第一次接收到的电磁波。

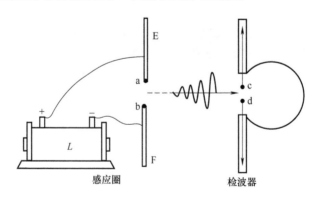

图 11-4　赫兹实验

赫兹还通过一系列的实验，证明电磁波可以产生反射、折射、干涉、衍射和偏振。电磁波具有波动的共同特性。

　　$\ominus$　in，英寸，为非法定计量单位，1in = 2.54cm。——编辑注

11.2　平面电磁波的波动方程及性质

11.2.1　平面电磁波的波动方程

平面电磁波是最简单、最基本的一种电磁波。从麦克斯韦方程组出发可以导出自由空间的平面电磁波的波动方程（推导过程从略）。

设电磁振源做简谐振荡，处在均匀空间，没有传导电流和自由电荷，电磁波沿 x 轴传播，则其波动方程是一平面简谐波方程，即

$$\frac{\partial^2 E}{\partial x^2} - \frac{1}{u^2}\frac{\partial^2 E}{\partial t^2} = 0 \tag{11-5}$$

$$\frac{\partial^2 H}{\partial x^2} - \frac{1}{u^2}\frac{\partial^2 H}{\partial t^2} = 0 \tag{11-6}$$

其中波速

$$u = \frac{1}{\sqrt{\varepsilon\mu}} \tag{11-7}$$

式中，ε、μ 分别表示电介质的介电常数和磁介质的磁导率。式（11-5）和（11-6）两微分方程的特解为

$$\begin{cases} E = E_{\mathrm{m}}\cos\omega\left(t - \dfrac{x}{u}\right) \\ H = H_{\mathrm{m}}\cos\omega\left(t - \dfrac{x}{u}\right) \end{cases} \tag{11-8}$$

式中，E_{m} 和 H_{m} 分别表示电场强度 E 和磁场强度 H 的振幅。平面电磁波的 E 和 H 随空间的分布变化如图 11-5 所示。平面电磁波与其他所有电磁波的性质是相同的。

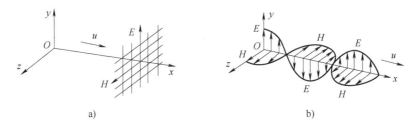

图 11-5　平面电磁波的 E 和 H 随空间分布变化

11.2.2　电磁波的性质

（1）电磁波是横波。电场强度矢量 **E** 和磁场强度矢量 **H** 互相垂直，且均与传播速度 u 方向垂直。

（2）**E** 和 **H** 同相位。在任何时刻、任何地点，**E×H** 的方向总是沿着电磁波的传播方向。且 **E** 和 **H** 同时传到相同的位置，频率相同，步调一致，同时达到最大值，也同时达到零。

（3）**E** 和 **H** 的量值成正比，满足

$$\sqrt{\varepsilon}E = \sqrt{\mu}H \tag{11-9}$$

（4）真空中电磁波的传播速度等于光在真空中的传播速度。

电磁波的传播速度大小为

$$u = \frac{1}{\sqrt{\varepsilon\mu}} \tag{11-10}$$

真空中电磁波的传播速度大小为

$$u_{\text{真}} = \frac{1}{\sqrt{\varepsilon_0\mu_0}} = 2.9979 \times 10^8 \,\text{m/s} \tag{11-11}$$

由于理论计算结果和实验所测定的真空中的光速相符，因此肯定光也是一种电磁波。

（5）电磁波具有偏振特性。当电磁波的传播方向一定时，E 和 H 分别在各自的振动平面上按正弦或余弦规律振动，而且两个振动平面又彼此垂直，E 和 H 的振动方向对电磁波的传播方向具有不对称性，这种特性称为偏振性。

11.3 电磁波的能量

电磁波在空间的传播过程就是电磁场能量的传播过程，电磁波能量的传播速度就是电磁波的传播速度，电磁波能量的传播方向就是电磁波的传播方向。我们把单位时间内通过与电磁波传播方向垂直的单位面积上的能量叫作**能流密度**，用 S 表示。

由电磁学知识知道，电场和磁场的能量体密度分别为

$$w_{\text{e}} = \frac{1}{2}\varepsilon E^2, \quad w_{\text{m}} = \frac{1}{2}\mu H^2 \tag{11-12}$$

变化电磁场中的能量 W 既包含电场能量也包含磁场能量，即

$$w = w_{\text{e}} + w_{\text{m}} = \frac{1}{2}\varepsilon E^2 + \frac{1}{2}\mu H^2 \tag{11-13}$$

设 dA 为垂直于电磁波传播方向上的一个面积元，在介质不吸收电磁能量的条件下，在 dt 时间内，通过面积元 dA 的电磁波能量应为 $wdA \cdot udt$，则电磁波的能流密度，根据定义其量值为

$$S = wu = \frac{u}{2}(\varepsilon E^2 + \mu H^2) \tag{11-14}$$

将 $u = \dfrac{1}{\sqrt{\varepsilon\mu}}$ 和 $\sqrt{\varepsilon}E = \sqrt{\mu}H$ 代入式（11-14）有

$$S = \frac{1}{2\sqrt{\varepsilon\mu}}(\sqrt{\varepsilon}E\sqrt{\mu}H + \sqrt{\mu}H \cdot \sqrt{\varepsilon}E) = EH \tag{11-15}$$

因为电磁波能量的传播方向、E 的方向和 H 的方向三者互相垂直，通常将能流密度用矢量式表示为

$$S = E \times H \tag{11-16}$$

S、E、H 组成右旋直角坐标系，如图 11-6 所示。能流密度矢量 S 也称为**坡印亭矢量**。

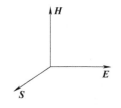

图 11-6 S、E、H 的方向关系

11.4 电磁波谱

赫兹用电磁振荡的方法产生了电磁波，同时还证明了电磁波的性质与可见光的性质完全相同。后来人们通过许多实验证明，不仅可见光是电磁波，而且伦琴射线（即 X 射线）、γ射线也是电磁波，它们在本质上是完全相同的，所不同的仅是波长、频率、产生方法及物质相互作用的效果。

按照波长大小的顺序，或频率大小的顺序，可将各类电磁波分区段排列成谱，称为电磁波谱。各种电磁波的波长与频率范围可用表 11-1 所示的比例来表达。

表 11-1　各种电磁波的波长与频率范围

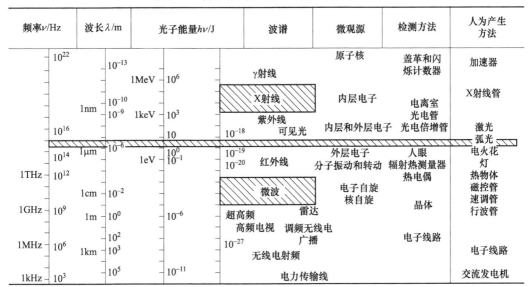

在日常生活中，常能见到的或易于检测的是可见光和无线电波这两个区段的电磁波。从表 11-1 中可看出，可见光所占范围很小。关于无线电波的特性如表 11-2 所示。

表 11-2　无线电波的范围和用途

名称	长波	中波	中短波	短波	米波	微波		
						分米波	厘米波	毫米波
波长	30000~3000m	3000~200m	200~50m	50~10m	10~1m	1~0.1m	0.1~0.01m	0.01~0.001m
频率	10~100kHz	100~1500kHz	1.5~6MHz	6~30MHz	30~300MHz	300~3000MHz	3000~30000MHz	30000~300000MHz
主要用途	越洋长距离通信和导航	无线电广播	电报通信	无线电广播、电报通信	调频无线电广播、电视广播	电视、雷达、无线电导航及其他专门用途		

那些不可见区的电磁波区段可以通过特别制作的仪器检测，它们也有独特的性能，并被广泛应用于各个方面。如紫外光可促进化学反应；红外光用于烘烤、夜视；X 射线用于透视、检测；γ射线帮助人们了解核结构，等等。

第 12 章

光的干涉

光学作为物理学的一个重要分支学科，已经有至少 2000 多年的发展历史。人类关于光学知识的最早记载见于我国春秋战国时期的《墨经》。但直到 17 世纪上半叶，人们对于光的认识还主要局限于对光的几何性质的认识，而对于光的本质的认识则很肤浅。17 世纪末，关于光的本性问题出现了两派不同的学说：一派是牛顿所主张的微粒说，认为光是从发光体发出并且以一定速度向空间传播的一股粒子流；一派是惠更斯所倡导的波动说，认为光是一种在"以太"这种特殊介质中传播的机械波。微粒说和波动说都能解释光的反射和折射现象。但是在解释光线从空气进入水中的折射现象时，微粒说认为水中的光速大于空气中的光速，而波动说则认为水中的光速小于空气中的光速。由于当时的科学技术水平有限，人们无法验证两种学说的优劣，但鉴于当时牛顿在物理学界的显著威望，使得光的微粒说在光学中一直占优势。

到了 19 世纪，波动说逐渐代替微粒说占据了统治地位。1801 年，托马斯·杨用双缝实验显示了光的干涉现象，并第一次成功地测定了光的波长。1818 年，菲涅耳从杨氏干涉的原理出发，把惠更斯原理发展成为惠更斯-菲涅耳原理，圆满地解释了光的衍射等现象。后来，由马吕斯、杨、菲涅耳和阿拉果等人对光的偏振现象做了进一步研究，确认了光是一种横波。1850 年，傅科从实验中测出光在水中的速度比空气中要小，彻底否定了牛顿微粒说的结论。至此，波动光学的体系已基本形成，并确立了它在光学中的重要地位。19 世纪后半期，麦克斯韦又提出了光的电磁理论，证明光是一种电磁波，从而形成了以电磁波理论为基础的波动光学。但是，从 19 世纪末到 20 世纪初，黑体辐射、光电效应等一系列光与物质相互作用的新的实验事实，使人们又不得不承认光的粒子性——光是由大量以光速 c 运动的微粒所组成的粒子流。一方面光被确认是电磁波、具有波动的特性，另一方面光又被确认为具有粒子性。由此人们对光的本质有了最新的认识——光具有波粒二象性。

随着 20 世纪 60 年代激光的问世，光学与许多相关科学技术紧密结合，使得这门古老的学科又不断地焕发青春，派生出非线性光学、傅里叶光学和集成光学等许多现代光学的分支。现代光学技术的应用在人们的生产和生活中正发挥着日益重大的作用，成为人们认识自然、改造自然以及提高生产力的强有力的武器。

从本章开始我们将要学习波动光学，从波动的角度来研究光的性质，所涉及的主要内容有：光的干涉、光的衍射和光的偏振三大部分。

光是指频率在某一波段上的电磁波，通常意义上的光是指能够为人类的眼睛所接收到的、波长在 400~760nm、频率在 $4.1 \times 10^{14} \sim 7.5 \times 10^{14}$Hz 狭窄范围内的可见光。不同频率的可见光给人以不同颜色的感觉，频率由小到大分布即呈现由红到紫的各种颜色。

干涉现象是波动的基本特征之一。对于光来说，当满足一定条件时就会产生光的干涉现象，说明光具有波动性。本章主要介绍光的干涉现象及规律，包括干涉现象的产生条件和明暗条纹的分布规律，并对干涉现象的实际应用做一些简单的介绍。

12.1　光源　单色光　相干光

12.1.1　光源　光源的发光机理

任何能够发射光波的物体都可称为光源。按光的激发方式不同，常把光源分为两大类：普通光源和激光光源。普通光源又可分为热光源和冷光源。利用热能激发的光源称为热光源，如太阳、白炽灯、弧光灯等；利用电能、光能或化学能激发的光源称为冷光源，如日光灯、电视显像管中的荧光屏、萤火虫的发光等。激光光源则是一种与普通光源性质完全不同的新型光源，它是由于受激辐射发光。

普通光源的发光机理是处于激发态的原子或分子的自发辐射。当光源中的原子受到外界条件的激励而处于能量较高但极不稳定的激发态时，会自发地向低激发态或基态跃迁。在跃迁过程中，原子向外发射光波。每个原子一次发光的时间极短，大约只能持续 $10^{-10} \sim 10^{-8}\,\mathrm{s}$，而且只能发出一段长度有限、频率一定和振动方向一定的波列。一个原子经过一次发光后，只有再次被激发后才会再次发光，因此原子的发光是间歇性的。普通光源中大量原子或分子的发光是随机的，彼此之间相互独立，没有任何联系，如图 12-1 所示。因此，在同一时刻，各个原子或分子发出波列的频率、振动方向和相位都不一定相同；在不同时刻，即使是同一个原子或分子，它所发出的波列的频率、振动方向和相位也不相同。这就是为什么即使我们用两盏频率相同的单色普通光源，如钠光灯，或用同一光源的不同部分发出的光，却仍看不到干涉现象的原因。所以，如果想得到光的干涉现象，必须采用一些特别的方法。

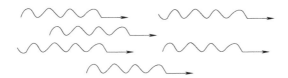

图 12-1　普通光源的各原子或分子的发光彼此之间完全独立

12.1.2　单色光

具有单一频率的光称为**单色光**。然而，严格的单色光在实际中是不存在的，光源中每个原子或分子每次发出的光，实际上是包含有一定频率范围或波长范围的光，这种光称为**准单色光**。对于波长为 λ 的准单色光，以波长为横坐标、强度为纵坐标，其组成可用 $I\text{-}\lambda$ 曲线表示（I 表示光的强度，正比于光矢量振幅的平方：$I \propto E_0^2$），称为光谱曲线，如图 12-2 所示。在 λ 左右其他波长的光的强度迅速减小，设 λ 处的光强为 I_0，通常把强度下降到 $I_0/2$ 所对应的两点之间的波长范围 $\Delta\lambda$ 称为**谱线宽度**。谱线宽度是表示谱线单色性好坏的重要物理量，$\Delta\lambda$ 越窄，表示其单色性越好。普通单色光源，如钠光灯、汞灯等，谱线宽度的数量级为千分之几纳米到几纳米，而激光的单色性更好，其谱线宽度大约只有 10^{-9}nm，甚至更小。

一般光源的发光都是由大量分子或原子在同一时刻所发出的，包含了各种不同频率的光，称为**复色光**，如太阳光、白炽灯光等。当复色光通过三棱镜时，由于各种频率的光在玻璃中的传播速度各不相同，折射率也不同，因此，复色光中各种不同频率的光将按不同的折射角分开，形成一个光谱，这一现象称为**色散**。光谱中每一波长成分所对应的亮线或暗线称为**光谱线**。因为每种光源都有自己特定的光谱结构，因此，利用光谱结构可以对化学元素进行分析，或对原子和分子的内部结构进行研究。

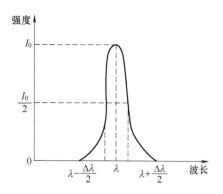

图 12-2 谱线及其宽度线

12.1.3 相干光

1. 相干光

通过前面的学习我们已经知道：当频率相同、振动方向相同、相位相同或相位差保持恒定的两列相干波相遇时，在相遇的区域内就会产生干涉现象，即有些点的振动始终加强，有些点的振动始终减弱。对于光波来说，它有两个振动矢量：电场强度 E 和磁场强度 H，其中对人的眼睛或感光仪器等起感光作用的是 E，因此通常把矢量 E 称为**光矢量**。如果两束光的光矢量满足相干条件，则称这两束光为**相干光**，相应的光源称为**相干光源**。

2. 相干光的获得方法

前面已经提到，由普通光源的发光机理和特点所决定，若要使光发生干涉现象，必须采用一些特别的方法来获得相干光。

一般来说，获得相干光的基本原理是把普通光源上同一点发出的光设法"一分为二"，使这两束光分别沿不同的路径传播并使之再次相遇。由于这两束光的相应部分实际上都来自于同一原子的同一次发光，即原来的每一个波列都被分成了频率相同、振动方向相同、相位差恒定的两个波列，因而这两束光是满足相干条件的相干光，当它们相遇时，就会产生干涉现象。

分光束获得相干光的方法通常有两种：分振幅法和分波阵面法。**分振幅法**是利用光在两种介质表面的反射和折射，把波面上某处的振幅分成两部分或若干份，再使它们相遇叠加而产生干涉现象。如图 12-3 所示，当光束 1 入射至一薄膜表面上时，由于反射和折射被分为两部分：一部分由上表面反射形成光束 2，另一部分折射进入薄膜，在其下表面又被反射，再通过上表面透射出来，形成光束 3。由于反射光束 2 和光束 3 是由光束 1 分出来的，所以它们的频率相同、振动方向相同且相位差恒定，所以是相干光。从能量的角

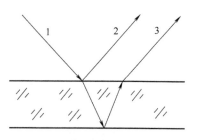

图 12-3 一束光被分为两束相干光

度来看，光束 2 和光束 3 的能量是从光束 1 分出来的。由于波的能量与振幅有关，可以形象地说振幅被"分割"了，因此这种产生相干光的方法叫作分振幅法。这种方法我们将在

12.4 薄膜干涉中做详细介绍。

分波阵面法是在同一个波面上取出两部分面元作为相干光源的方法。下节将要介绍的杨氏双缝干涉实验、菲涅耳双镜实验和劳埃德镜实验采用的都是这种方法。

12.2 双缝干涉实验

12.2.1 杨氏双缝干涉实验

1. 实验装置

1801 年，英国物理学家托马斯·杨首先用实验的方法得到了两列相干的光波，观察到了光的干涉现象。并且最早以明确的形式确立了光波叠加原理，用光的波动性解释了光的干涉现象，具有重大的历史意义。

改进后的杨氏双缝实验装置如图 12-4a 所示，用普通单色光源照射狭缝 S，此时 S 相当于一个线光源，在 S 的前方放置两个相距很近的狭缝 S_1 和 S_2，S_1 和 S_2 与 S 平行且等距。这时由于 S_1 和 S_2 位于光源 S 所发出光的同一个波阵面上，满足频率相同、振动方向相同、相位差恒定的相干条件，构成一对相干光源，从 S_1 和 S_2 发出的光波在空间叠加，将产生干涉现象（由于 S_1 和 S_2 是从 S 发出的波阵面上取出的两部分，所以把这种获得相干光的方法称为分波阵面法）。如果在双缝前放置一屏幕 E，在屏幕上将出现一系列与狭缝平行、等间距的明暗相间的干涉条纹，如图 12-4b 所示。

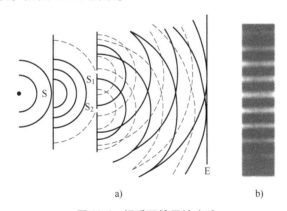

a)   b)

图 12-4　杨氏双缝干涉实验

2. 干涉明暗条纹的分布

下面我们对杨氏双缝干涉明暗条纹的形成条件及其分布规律做一定量分析。

如图 12-5 所示，设 S_1 和 S_2 之间的距离为 d，M 为双缝的中点，双缝到屏幕 E 的距离为 $D(D \gg d)$。在屏幕上任取一点 P，设 P 点到 O 点的距离为 $x(D \gg x)$，P 点到 S_1、S_2 的距离分别为 r_1、r_2。MO 为过 M 且垂直于屏幕 E 的直线，PM 与 MO 间的夹角 $\angle PMO$ 为 P 点的角位置。由图可知，从 S_1、S_2 所发出的光到 P 点的

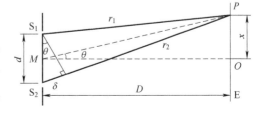

图 12-5　杨氏双缝干涉条纹的计算用图

波程差为

$$\delta = r_2 - r_1 \approx d\sin\theta$$

这里的 θ 近似等于 $\angle PMO$（因为 $D \gg d$，$D \gg x$，θ 角很小），$\sin\theta \approx \tan\theta$，所以有

$$\delta = r_2 - r_1 \approx d\sin\theta \approx d\tan\theta = d\frac{x}{D}$$

由波动理论知，P 点出现明暗条纹应满足的条件为

$$\delta = d\frac{x}{D} = \begin{cases} \pm k\lambda, & k=0,1,2,\cdots \quad 明纹 \\ \pm(2k-1)\dfrac{\lambda}{2}, & k=1,2,\cdots \quad 暗纹 \end{cases} \tag{12-1}$$

式中，对应于 $k=0$ 的明条纹称为**零级明纹**或**中央明纹**，对应于 $k=1$，2，$\cdots$ 的明条纹或暗条纹分别称第一级、第二级……明纹或暗纹；正负号表明干涉条纹在 O 点即中央明纹两侧对称分布。如果 S_1 和 S_2 到 P 点的波程差为其他值，则 P 点处的光强介于明纹与暗纹之间。

各级明暗条纹的中心距 O 点的距离为

$$x = \begin{cases} \pm k\dfrac{D}{d}\lambda, & k=0,1,2,\cdots \quad 明纹 \\ \pm(2k-1)\dfrac{D}{d}\dfrac{\lambda}{2}, & k=1,2,3,\cdots \quad 暗纹 \end{cases} \tag{12-2}$$

由式（12-2）可以算出，两相邻明纹或暗纹的间距都为

$$\Delta x = x_{k+1} - x_k = \frac{D}{d}\lambda \tag{12-3}$$

所以，干涉明、暗条纹是等距离分布的。从式（12-3）可以看出，当 D、d 一定时，干涉条纹的间距与入射光的波长成正比，波长越小，条纹越密。因此，如果用白光照射，则除中央明纹为白色外，其他各级条纹将出现由紫到红的彩色条纹。

综上所述，平行于狭缝的干涉条纹在屏幕上对称地分布于中央明纹两侧，明暗条纹交替出现且间距相等。

在杨氏双缝干涉实验中，只有当缝 S_1、S_2 和 S 都很狭窄时，才能保证 S_1 和 S_2 处的光波满足相干条件而产生干涉现象。但这时由于通过狭缝的光强太弱，显示在屏幕上的干涉条纹不够清晰。此外，由于狭缝很窄，容易引起衍射现象的发生，从而对实验产生影响。为了解决上述问题，许多科学家尝试了其他一些利用分波阵面获得相干光的方法，其中较著名的有菲涅耳双镜实验和劳埃德镜实验等。

12.2.2　菲涅耳双镜实验

菲涅耳双镜实验装置如图 12-6 所示，M_1 和 M_2 是两个夹角很小的平面镜；S_0 是线光源，其长度方向与两镜面的交线 O 平行；M 为遮光板，是为了防止从 S_0 发出的光线直接照射到屏幕 E 上而设置的。由 S_0 发出的光，经 M_1 和 M_2 反射后被分成两束反射光，且在 M_1 和 M_2 上分别形成 S_0 的两虚像 S_1 和 S_2。S_1 和 S_2 可以看作是两个虚光源，两束反射光好像是分别从它们发出的，由于这两束光都来自于同一光源 S_0，所以是相干光，S_1 和 S_2 构成两个相干光源。这样，由两个虚相干光源发出的相干光在空间叠加的区域内将会产生干涉现象。如果

屏幕 E 处于这一区域中，则在屏幕上即可看到明暗相间的等间距干涉条纹。可利用杨氏双缝干涉的结果计算这里的明暗条纹位置及条纹间距。

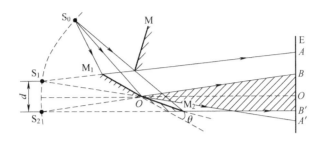

图 12-6　菲涅耳双镜实验示意图

12.2.3　劳埃德镜实验

劳埃德（H. Lolyd，1800—1881）于 1834 提出了一种更简单的观察干涉现象的装置。如图 12-7 所示，M 为一块下面涂黑的平玻璃板，S_1 为线光源。由 S_1 发出的光，一部分直接射到屏幕 P 上；另一部分以接近 90° 的入射角掠射到玻璃平板上，经上表面反射后到达屏幕。反射光好像是从 S_1 的虚像 S_2 发出的，S_1 和 S_2 构成一对相干光源，在两相干光的叠加区域将产生干涉现象，这时在屏幕上可以观察到明暗相间的干涉条纹。

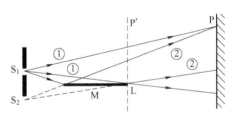

图 12-7　劳埃德镜实验示意图

值得注意的是，如果把屏幕移到与镜面边缘 L 相接触的位置 P′，这时从 S_1 和 S_2 发出的光到达接触处 L 的路程相等，在此处好像应该出现明纹，但实验结果却是暗纹。这表明，由镜面反射出来的光和直接射到屏上的光在 L 处的相位相反，即相位差为 π。由于直射光的相位不会变化，所以只能是光从空气射向玻璃平板发生反射时，反射光的相位跃变了 π。

进一步的实验表明，光从光疏介质射到光密介质界面反射时，在掠射（入射角 $i \approx 90°$）或正入射（$i \approx 0°$）的情况下，反射光的相位较入射光的相位有 π 的突变。这一变化相当于反射光的波程在反射过程中损失了半个波长，故常称为**半波损失**。容易理解，在菲涅耳双镜干涉实验中，经 M_1、M_2 反射的两束光，由于都产生了 π 的相位突变，所以二者的波程差是不变的。

例 12-1　杨氏双缝干涉实验中，两狭缝相距 $d = 0.20$mm，屏与双缝间的距离 $D = 1$m。用一平行于缝的线光源照明，光波波长为 $\lambda = 600$nm。

（1）求屏上两相邻明条纹中心的间距，以及第三级明纹中心的位置；

（2）如果从第一级明纹到同侧第四级明纹间的距离为 7.5mm，求入射光波的波长。

解：（1）两相邻明条纹中心的距离为

$$\Delta x = \frac{D}{d}\lambda = \left(\frac{1000}{0.2} \times 6 \times 10^{-4}\right) \text{mm} = 3.0 \text{mm}$$

第三级明条纹中心在屏上的位置为

$$x_3 = \pm 3 \frac{D}{d}\lambda = \pm 3\left(\frac{1000}{0.2}\times 6\times 10^{-4}\right)mm = \pm 9.0mm$$

（2）从第一级明纹到同侧第四级明纹间的距离 Δx_{14} 为

$$\Delta x_{14} = x_4 - x_1 = \frac{D}{d}(4-1)\lambda$$

将 $\Delta x_{14} = 7.5mm$，$d = 0.20mm$，$D = 1m$ 代入上式，得

$$\lambda = \frac{0.20\times 7.5}{1000\times 3}mm = 500nm$$

例 12-2 设两个同方向、同频率的单色光波，传播到屏幕上的某一点的光矢量 E_1、E_2 的量值分别为 $E_1 = E_{10}\cos(\omega t - \varphi_1)$、$E_2 = E_2\cos(\omega t - \varphi_2)$，如果这两个光矢量分别是：（1）非相干光；（2）相干光。试分别讨论该点合成光矢量的光强的情况。

解： 矢量 E_1 和 E_2 叠加后的光矢量为 $E = E_1 + E_2$，已知 E_1 和 E_2 是同方向的，所以合成光矢量 E 的量值为

$$E = E_0\cos(\omega t - \varphi)$$

式中，

$$E_0 = \sqrt{E_{10}^2 + E_{20}^2 + 2E_{10}E_{20}\cos(\varphi_1 - \varphi_2)}$$

$$\varphi = \arctan\frac{E_{10}\sin\varphi_1 + E_{20}\sin\varphi_2}{E_{10}\cos\varphi_1 + E_{20}\cos\varphi_2}$$

在我们所观察的时间间隔 τ 内（$\tau \gg$ 光振动的周期），平均光强 I 正比于 $\overline{E_0^2}$，即

$$I \propto \overline{E_0^2} = \frac{1}{\tau}\int_0^\tau E_0^2 dt$$

$$= \frac{1}{\tau}\int_0^\tau \left[E_{10}^2 + E_{20}^2 + 2E_{10}E_{20}\cos(\varphi_2 - \varphi_1)\right]dt$$

$$= \overline{E_{10}^2} + \overline{E_{20}^2} + 2E_{10}E_{20}\frac{1}{\tau}\int_0^\tau \cos(\varphi_2 - \varphi_1)dt$$

（1）对于非相干光，由于原子或分子发光的不规则性和间歇性，上述光波之间的相位差是杂乱变化的，即相当于在所观察时间内经历 0 到 2π 间的一切数值，因此有

$$\int_0^\tau \cos(\varphi_2 - \varphi_1)dt = 0$$

所以

$$\overline{E_0^2} = \overline{E_{10}^2} + \overline{E_{20}^2}$$

相应地

$$I = I_1 + I_2$$

上式表明，两束非相干光波重合后的光强等于它们分别照射时的光强 I_1 和 I_2 的总和。

（2）对于相干光，对于屏幕上各指定点而言，$\Delta\varphi = \varphi_2 - \varphi_1$ 各有恒定的值，这时，合成后的光强 I 为

$$I = I_1 + I_2 + 2\sqrt{I_1 I_2}\cos(\varphi_2 - \varphi_1)$$

上式表明，相干光合成的光强并不是简单地相加，屏幕上各点处的光强随该点所对应的 $\Delta\varphi$ 值而定。即屏幕上各点的光强，有些地方加强，有些地方减弱，这是相干光的重要特征。

如果 $I_1=I_2$，则合成后的光强为

$$I = 2I_1(1+\cos\Delta\varphi) = 4I_1\cos^2\frac{\Delta\varphi}{2}$$

当 $\Delta\varphi = \pm 2k\pi$，$k=0$，1，2，…时，这些位置光强最大，等于单个光束光强的 4 倍；当 $\Delta\varphi = \pm(2k+1)\pi$，$k=0$，1，2，…时，光强最小，等于零。光强 I 随相位差 $\Delta\varphi$ 变化的情况如图 12-8 所示。

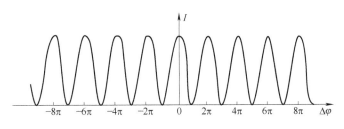

图 12-8　例 12-2 图

12.3　光程和光程差

12.3.1　光程和光程差的定义

我们前面所讨论的干涉现象都是两束相干光在同一种介质中传播的情形，它们在相遇处叠加时，两束光振动的相位差仅取决于两束光之间的几何路程之差。但是，当两束相干光分别通过不同的介质时，就不能只根据几何路程之差来计算它们的相位差了。为了方便比较和计算经过不同介质的相干光间的相位差，我们引入光程的概念。

设有一频率为 ν 的单色光，在真空中的光速为 c，波长为 λ，则 $\lambda = \dfrac{c}{\nu}$。在折射率为 n 的介质中，光速变为 $u = \dfrac{c}{n}$，而波长则变为

$$\lambda_n = \frac{u}{\nu} = \frac{c}{n\nu} = \frac{\lambda}{n}$$

即为真空中波长的 $1/n$。波行进一个波长的距离时，相位变化了 2π，如果光波在介质中传播的几何路程为 L，则相位的变化是

$$\Delta\varphi = 2\pi\frac{L}{\lambda_n} = 2\pi\frac{nL}{\lambda}$$

可以看出：光在介质中传播时，其相位的变化不仅与光波传播的几何路程以及光波在真空中的波长有关，而且还与介质的折射率有关。光在折射率为 n 的介质中通过几何路程 L 所发生的相位变化，相当于光在真空中通过 nL 的路程所发生的相位变化。因此，我们将光波在某一介质中所通过的几何路程 L 和该介质折射率 n 的乘积 nL 定义为**光程**。

引入光程这一概念之后，我们便可以把光在不同介质中的传播路程折算成该光在真空中的传播路程。对于初相位相同的两束相干光，当各自通过不同的介质和路径在某点相遇时，它们的相位差决定于它们的光程之差，即**光程差**，常用 δ 表示。相位差 $\Delta\varphi$ 和光程差 δ 之间

的关系为

$$\Delta\varphi = 2\pi\frac{\delta}{\lambda} \tag{12-4}$$

式中，λ 为光在真空中的波长。此外，如果两相干光初相位不相同，则还应加上两相干光的初相位差才是两束光在相遇点的相位差。

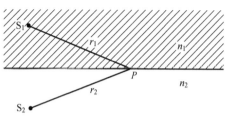

图 12-9 两相干光在不同介质中传播

例如，S_1 和 S_2 为两相干光源，且初相位相同，它们发出的两相干光分别在折射率为 n_1 和 n_2 的两介质中传播，经过几何路程 r_1 和 r_2 在 P 点相遇，如图 12-9 所示则两光束在 P 点的相位之差为

$$\Delta\varphi = \frac{2\pi}{\lambda}\delta = \frac{2\pi}{\lambda}(n_1 r_1 - n_2 r_2)$$

由式（12-4）可得干涉条纹的明暗条件

$$\begin{cases} \delta = \pm k\lambda, & k = 0,1,2,\cdots \quad \text{明纹} \\ \delta = \pm(2k+1)\dfrac{\lambda}{2}, & k = 0,1,2,\cdots \quad \text{暗纹} \end{cases}$$

因此，两束初相位相同的相干光在不同介质中传播时，对干涉起决定作用的将是二者的光程差。

12.3.2 透镜不引起附加光程差

在干涉和衍射装置中，经常需要用到透镜。但是，透镜的使用对各光线的光程会不会产生影响呢，即是否会产生附加的光程差呢？

由几何光学我们知道，平行光通过透镜后，会聚于焦平面上形成一亮点，如图 12-10a、b 所示。这说明，某时刻平行光束波前上的 A、B、C、D、E 等各点的相位相同，当它们到达透镜的焦平面上时，相位仍然是相同的。可见，A、B、C、D、E 等各点到 F 点的光程都是相等的。图 12-10c 所示为位于透镜主轴上的物点 S，经透镜成明亮的实像 S'，说明物点和像点之间的各光线也是等光程的。

对于这个事实，我们可以这样解释：如图 12-10a 或 b 所示，虽然光线从 AaF 比光线 CcF 经过的几何路程长，但是光线 CcF 在透镜中经过的路程比光线 AaF 的长，因此折算成光程，AaF 的光程与 CcF 的光程相等。因此，使用透镜虽然可以改变光线的传播方向，但不会引起附加的光程差。

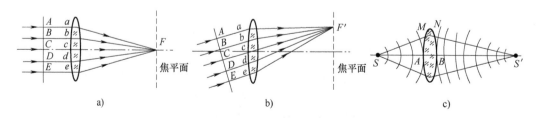

图 12-10 通过透镜的各光线光程相等

12.3.3 反射光的附加光程差

我们在前面讨论劳埃德镜实验时已经指出，当光从光疏介质射到光密介质界面反射时，反射光会有相位突变 π，即有半波损失。因此，在讨论干涉问题时，经常需要考虑两束反射光之间是否有因这种相位突变而产生附加的光程差的问题。例如，在比较从薄膜的不同表面反射的两束光之间的光程时，就要考虑这个问题，如图 12-11 所示。理论和实验表明：如果两束光都是从光疏到光密界面反射（即 $n_1<n_2<n_3$ 的情况）或都是从光密到光疏界面反射（即 $n_1>n_2>n_3$ 的情况），则两束反射光之间无附加的光程差；如果一束光从光疏到光密界面反射，而另一束从光密到光疏界面反射（即 $n_1<n_2$、$n_2>n_3$，或 $n_1>n_2$、$n_2<n_3$ 的情况），则两束反射光之间有附加的相位差 π，或者说有附加光程差 $\lambda/2$。对于折射光，则在任何情况下都不会有相位突变。

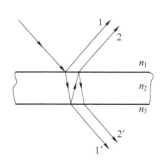

图 12-11　薄膜两界面反射光的附加光程差

例 12-3　在杨氏双缝干涉实验中，入射光的波长为 λ，现在 S_2 缝上放置一片厚度为 d、折射率为 n 的透明介质，试问原来的零级明纹将如何移动？如果观测到零级明纹移到了原来的 k 级明纹位置处，求该透明介质的厚度 d。

解： 如图 12-12 所示，有透明介质时，从 S_1 和 S_2 到观测点 P 的光程差为

$$\delta = (r_2-d+nd)-r_1$$

对于零级明纹，其相应的 $\delta=0$，其位置应满足条件

$$r_2-r_1 = -(n-1)d<0 \qquad (1)$$

与原来零级明纹位置所满足的 $r_2-r_1=0$ 相比可知，在 S_2 前有介质时，零级明纹应向下移动。

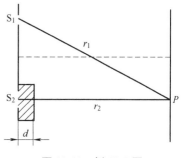

图 12-12　例 12-3 图

原来没有介质时，k 级明纹的位置满足

$$r_2-r_1 = k\lambda, \quad k=0,\pm 1,\pm 2,\cdots \qquad (2)$$

按题意，观测到零级明纹移到了原来的 k 级明纹处，于是式（1）和式（2）必须同时得到满足，由此可解得

$$d = \frac{-k\lambda}{n-1}$$

其中 k 为负整数。上式也可理解为：插入透明介质后，屏幕上的干涉条纹移动了 $|k|=(n-1)d/\lambda$ 条。这也提供了一种测量透明介质折射率的方法。

12.4　薄膜干涉

当光波经薄膜两表面发生反射后，相互叠加所形成的干涉现象，称为**薄膜干涉**。薄膜干涉在日常生活中较为常见，比如在阳光的照射下，肥皂泡、水面上的油膜，以及许多昆虫（如蜻蜓、蝉、甲虫等）的翅膀上都会呈现彩色的花纹，这些都是薄膜干涉现象。薄膜干涉是利用分振幅法获得相干光，从而产生干涉条纹的。

12.4.1 薄膜干涉规律

如图 12-13 所示，一厚度为 e 的平行平面薄膜，折射率为 n_2，其上下介质的折射率分别为 n_1 和 n_3。由单色扩展光源 S 点发出的光线 1，以入射角 i 入射到薄膜上表面的 A 点，一部分在 A 点反射成为光线 2；另一部分折入薄膜内，在下表面 B 点反射后，又在 C 点折出形成光线 3。光线 2、3 是两条平行光线，经透镜 L 会聚于屏幕的 P 点。由于光线 2、3 是来自于同一入射光线的两部分，是相干光，所以在 P 点将产生干涉现象。

下面我们来计算光线 2 和 3 的光程差，同时讨论 P 点干涉加强或减弱的条件。由 C 点作光线 2 的垂线 CD，很显然，从 D 到 P 和从 C 到 P 的光程相等。由图 12-13 可知，光线 2 和 3 的光程差为

$$\delta = n_2(AB+BC) - n_1 AD + \delta'$$

式中的 δ' 等于 $\frac{\lambda}{2}$ 或 0。当 $n_1 < n_2 < n_3$ 或 $n_1 > n_2 > n_3$ 时，δ' 为 0；当 $n_1 < n_2$、$n_2 > n_3$，或 $n_1 > n_2$、$n_2 < n_3$ 时，要考虑附加光程差，δ' 等于 $\frac{\lambda}{2}$。

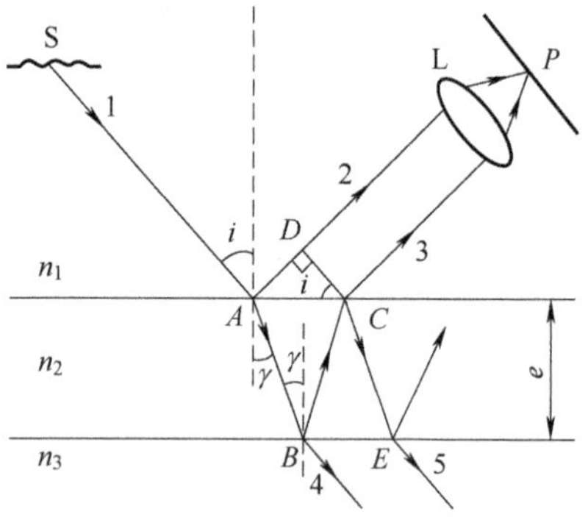

从图 12-13 可以看出

$$AB = BC = \frac{e}{\cos\gamma}$$

$$AD = AC\sin i = 2e\tan\gamma\sin i$$

则

$$\delta = 2n_2 \frac{e}{\cos\gamma} - 2n_1 e\tan\gamma\sin i + \delta'$$

图 12-13　薄膜干涉

根据折射定律 $n_1\sin i = n_2\sin\gamma$，可得

$$\delta = \frac{2n_2 e}{\cos\gamma}(1-\sin^2\gamma) + \delta' = 2n_2 e\cos\gamma + \delta'$$

或

$$\delta = 2n_2 e\sqrt{1-\sin^2\gamma} + \delta' = 2e\sqrt{n_2^2 - n_1^2\sin^2 i} + \delta'$$

因此，干涉条件为

$$\delta = 2e\sqrt{n_2^2 - n_1^2\sin^2 i} + \delta' = \begin{cases} k\lambda, & k=1,2,\cdots & \text{干涉加强} \\ (2k+1)\dfrac{\lambda}{2}, & k=0,1,2,\cdots & \text{干涉减弱} \end{cases} \tag{12-5}$$

当光垂直入射，即 $i=0$ 时

$$\delta = 2n_2 e + \delta' = \begin{cases} k\lambda, & k=1,2,\cdots & \text{干涉加强} \\ (2k+1)\dfrac{\lambda}{2}, & k=0,1,2,\cdots & \text{干涉减弱} \end{cases} \tag{12-6}$$

实际上透射光也会产生干涉现象，如图 12-13 中的光线 4 和 5，它们同样是相干光，光线 4 直接从薄膜中透射出来，而光线 5 是在 B 点和 C 点经两次反射后折射出来的，二者之间有恒定的相位差，满足相干条件。但应该注意的是：当 $n_1 < n_2 < n_3$ 或 $n_1 > n_2 > n_3$ 时，光线 4 和 5 之间是有附加光程差的，δ' 等于 $\lambda/2$；而当 $n_1 < n_2$、$n_2 > n_3$，或 $n_1 > n_2$、$n_2 < n_3$ 时，δ' 为 0。这与反射光线 2、3 的情况恰恰相反，即当反射光之间有附加光程差时，透射光之间没有附加

光程差；而当反射光之间没有附加光程差时，透射光之间却有附加光程差。所以，当反射光干涉加强时，透射光则干涉减弱，二者形成"互补"的干涉图样，其实这也正是能量守恒的体现。

12.4.2 增透膜和增反膜

在现代光学仪器中，人们常常利用光的干涉作用来提高透镜的透射率或反射率。例如，对于一个由六七个透镜组成的高级照相机，当然希望有足够高的透射率，但是由于光的反射，使得损失的光能约在入射光的一半左右。因此，为了减少因反射而损失的光能，常在透镜表面上镀一层厚度均匀的薄膜，如氟化镁（MgF_2），利用薄膜干涉使反射光减少，透射光增强，这样的薄膜称为**增透膜**。图 12-14 所示为最简单的单层增透膜，膜的厚度为 e，其折射率为 1.38，介于空气和玻璃的折射率之间。当光垂直入射时，薄膜上下表面的反射光之间的光程差为 $\delta = 2n_2 e$，二者若要干涉相消，则须

$$\delta = 2n_2 e = (2k+1)\frac{\lambda}{2}, \quad k = 0, 1, 2, \cdots$$

此时，膜的厚度为

$$e = (2k+1)\frac{\lambda}{4n_2}, \quad k = 0, 1, 2, \cdots$$

即对于某一入射光，当膜的厚度为 $\lambda/(4n_2)$ 的奇数倍时，由于干涉相消而无反射光，从而增强了光的透射率。

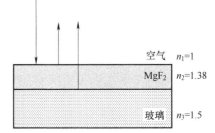

图 12-14 增透膜示意图

另一方面，有些光学器件却需要减少光的透射，增加反射光的强度。例如，激光器中的谐振腔反射镜，要求对某种单色光的反射率在 99% 以上。为此，需要利用薄膜干涉使得反射光相干加强，以增强反射能量。反射光加强了，透射光就会减弱，这样的薄膜就是**增反膜**或称为高反射膜。

12.4.3 等倾干涉

由公式 $\delta = 2e\sqrt{n_2^2 - n_1^2\sin^2 i} + \delta'$ 可知，对于厚度均匀的平行平面薄膜，若用单色光照射，由于 e 一定，反射光间的光程差仅取决于光的入射角 i，即入射角相同时各相干光间的光程差也相同。因此，同一条干涉条纹上的各点都具有相同的入射角，而不同的干涉条纹具有不同的入射倾角，我们把这种干涉称为**等倾干涉**。图 12-15a 所示为观察等倾干涉的实验装置简图。

图 12-15a 中 S 为一单色面光源，M 为半反射半透明的平面镜，以倾斜 45° 角放置，L 为透镜，屏幕位于透镜的焦平面上。从 S 上任一点发出的光线中，以相同倾角入射到薄膜表面上的光都处在同一个圆锥面上，它们的反射光经透镜会聚后，将在屏上形成同一个圆形干涉条纹。因此，等倾干涉的图样是一些明暗相间的同心圆环。

由式（12-5）得到等倾干涉明环的条件是

$$\delta = 2e\sqrt{n_2^2 - n_1^2\sin^2 i} + \delta' = k\lambda, \quad k = 1, 2, 3, \cdots$$

得到暗环的条件是

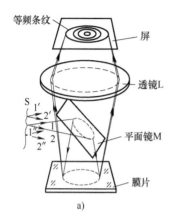

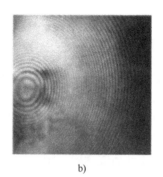

a)   b)

图 12-15 等倾干涉实验

a）观察等倾干涉实验装置   b）等倾干涉条纹

$$\delta = 2e\sqrt{n_2^2 - n_1^2 \sin^2 i} + \delta' = (2k+1)\frac{\lambda}{2}, \quad k = 0, 1, 2, \cdots$$

由于面光源 S 上的每一发光点都要产生一组相应的干涉环纹，而且倾角相同的平行光都被会聚到屏幕的同一圆周上，所以它们所形成的干涉圆环都重叠在一起。但是，光源上各点发出的光线互不相干，因此，各干涉圆环的叠加是非相干相加，这样就使干涉条纹更加明亮，从而提高了条纹的清晰度。如图 12-15b 所示为等倾干涉条纹。

例 12-4 在折射率 $n_3 = 1.52$ 的照相机镜头表面涂有一层折射率为 $n_2 = 1.38$ 的 MgF_2 增透膜，若此膜仅适用于波长 $\lambda = 550nm$ 的光，则此膜的最小厚度 d 为多大？

分析：本题所述的增透膜就是希望该波长的光在透射中得到加强，从而得到所希望的照相效果．具体求解时应注意在 $d>0$ 的前提下，k 取最小的允许值。

解法一：因干涉的互补性，波长为 550nm 的光在透射中得到加强，则在反射中一定减弱，两反射光的光程差 $\delta = 2n_2 d$，又由干涉相消条件 $\delta = (2k+1)\frac{\lambda}{2}$，得膜的厚度为

$$d = (2k+1)\frac{\lambda}{4n_2}$$

取 $k=0$，则膜的最小厚度为 $d_{\min} = 99.6nm$。

解法二：由于空气的折射率 $n_1 = 1$，且有 $n_1 < n_2 < n_3$，则对透射光而言，两相干光的光程差 $\delta = 2n_2 d + \frac{\lambda}{2}$，由干涉加强条件 $\delta = k\lambda$，得

$$d = \left(k - \frac{1}{2}\right)\frac{\lambda}{2n_2}$$

取 $k=1$，则膜的最小厚度为 $d_{\min} = 99.6nm$。

在薄膜干涉中，膜的材料及厚度都将对两反射光（或两透射光）的光程差产生影响，从而可使某些波长的光在反射（或透射）中得到加强或减弱，这种选择性使得薄膜干涉在工程技术上有很多应用。

12.5　劈尖　牛顿环

本节我们将讨论等倾干涉外的另一种薄膜干涉——等厚干涉，即对于厚度不均匀的薄膜，当平行单色光以同一入射角射到薄膜上时产生的干涉现象。劈尖和牛顿环实验是两个典型的等厚干涉。

12.5.1　劈尖干涉

如图 12-16a 所示，两块平面玻璃片一端互相叠合，另一端被一薄物（如一薄纸片）隔开，这样在两玻璃片之间就形成了一劈尖形状的空气薄膜，称之为空气劈尖。两玻璃片的交线称为棱边，在与棱边平行的直线上，各点所对应的空气劈尖的厚度 e 相等。当用平行单色光垂直照射两玻璃片时，自劈尖上、下表面反射的光形成相干光，它们在膜的上表面附近相遇而发生干涉现象。因此，在劈尖表面上就可观察到明暗相间、均匀分布的干涉条纹，如图 12-16b 所示。观察劈尖干涉的实验装置如图 12-16c 所示。

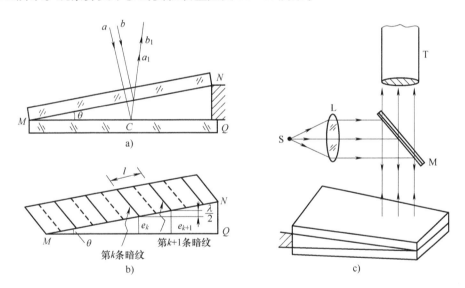

图 12-16　劈尖干涉

现在来讨论产生劈尖干涉明暗条纹的条件。设劈尖任一点 C 处的薄膜厚度为 e，当波长为 λ 的平行单色光垂直（$i=0$）入射时，两束相干反射光在相遇时总的光程差为

$$\delta = 2ne + \frac{\lambda}{2}$$

式中，n 为空气的折射率；由于空气的折射率比其上下两玻璃片的折射率小，所以两束反射光间有 $\lambda/2$ 的附加光程差。因此，产生干涉明暗条纹的条件为

$$\delta = 2ne + \frac{\lambda}{2} = \begin{cases} k\lambda, & k=1,2,3,\cdots & \text{明纹} \\ (2k+1)\dfrac{\lambda}{2}, & k=0,1,2,\cdots & \text{暗纹} \end{cases} \tag{12-7a}$$

由式（12-7a）可以看出，在劈尖厚度 e 相同的地方，两相干光的光程差相同，并形成

同一级次的干涉明纹或暗纹。由于劈尖的等厚线是一系列平行于棱边的直线，因此，干涉条纹是一系列与棱边平行的明暗相间的直条纹。这种与等厚线相对应的干涉称为**等厚干涉**。

在两玻璃片相接触的棱边处，$e=0$，由于存在半波损失，光程差 $\delta=\lambda/2$。所以棱边处应为暗条纹，而事实也确实如此。这再次证明了半波损失的存在。

需要说明的是，当劈尖是其他介质薄膜时，反射光之间是否有附加光程差，即 $2ne$ 后是否要加 $\lambda/2$，要视具体情况而定。我们习惯上把棱边处的干涉条纹定为零级条纹，并由此来定 k 的取值。当无附加光程差时，干涉条件表示为

$$\delta=2ne=\begin{cases} k\lambda, & k=0,1,2,\cdots \quad 明纹 \\ (2k-1)\dfrac{\lambda}{2}, & k=1,2,3,\cdots \quad 暗纹 \end{cases} \tag{12-7b}$$

如图 12-16b 所示，两相邻明纹或暗纹之间所对应劈尖的厚度差由式（12-7b）可得

$$\Delta e=e_{k+1}-e_k=\frac{1}{2n}(k+1)\lambda-\frac{1}{2n}k\lambda=\frac{\lambda}{2n} \tag{12-8}$$

设两相邻明纹或暗纹的间距为 l，则有

$$l\sin\theta=e_{k+1}-e_k=\frac{\lambda}{2n}$$

$$l=\frac{\lambda}{2n\sin\theta}$$

θ 为劈尖夹角，通常很小，所以 $\sin\theta\approx\theta$，上式可改写为

$$l=\frac{\lambda}{2n\theta} \tag{12-9}$$

可见，劈尖干涉形成的干涉条纹是等间距的。条纹的间距与劈尖的夹角 θ 有关。θ 越小，干涉条纹越疏；θ 越大，干涉条纹越密。当 θ 大到一定程度时，干涉条纹将密得无法分开。所以，一般只有在劈尖夹角很小的情况下，才能观察到劈尖的干涉条纹。

劈尖干涉可以用来检测光学元件表面的平整度。如图 12-17a 所示，M 为被检测的工件，N 为一具有光学平面的标准玻璃片。如果待测工件表面也是光学平面，则干涉条纹是等间距的平行直条纹；如果待检测工件的表面稍有凹凸不平，则在相应处的干涉条纹将不再是平行的直条纹，如图 12-17b 所示。

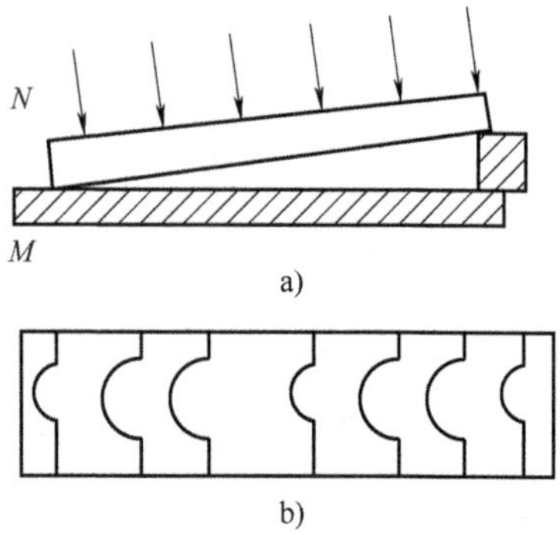

应用劈尖干涉的原理还可测量微小的线度变化。例如，如果保持图 12-16a 中的玻璃片 MQ 不动，将玻璃片 MN 向上（或向下）平移 $\lambda/2$ 的距离，则光线在劈尖上下往返一次所引起的光程差将增加（或减少）λ，这样，原来的第 k 级干涉条纹将移到原来的第 $k-1$ 级（或 $k+1$ 级）干涉条纹的位置处，即整个干涉条纹图样将沿劈尖的上表面 MN 向左（或向右）移动一个条纹间距 l。如果劈尖的厚度改变 m 个 $\lambda/2$，则整个干涉图样就移动 ml 的距离。因此，数出越过视场中某一刻度线的明纹或暗纹的数目，就可测得劈尖厚度的微小变化。

图 12-17 光学元件表面的检测

干涉膨胀仪就是利用这个原理制成的，用它可测量
很小的固体样品的线膨胀系数，其结构如图 12-18 所示。
图 12-18 中 C 是一个热膨胀系数很小的石英套框，W
为一表面磨成稍微倾斜的待测样品，被置于平台 D 上，
框顶放一平板玻璃 A，与样品 W 的上表面之间构成一空
气劈尖。如果以单色光垂直照射劈尖，就可看到干涉条
纹。当样品受热膨胀时，空气劈尖下表面的位置上升，
从而使干涉条纹移动（由于套框的线膨胀系数很小，空
气劈尖的上表面移动量可忽略不计），测出移过的条纹
数目，就可算得样品的高度变化量，从而求得样品 W
的热膨胀系数。

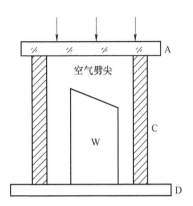

图 12-18　干涉膨胀仪的结构简图

另外，应用劈尖干涉还可测量微小角度、薄膜厚度或细丝直径等微小线度等，在这里就
不一一举例了。总之，劈尖干涉在实际生产中有着广泛的应用。

12.5.2　牛顿环

牛顿环的实验装置简图如图 12-19a 所示。在一块光学平面的平板玻璃上，放置一曲率
半径很大的平凸透镜，这样就在透镜和平板玻璃之间形成了一个上表面为球面、下表面为平
面的空气劈尖。当用单色平行光垂直照射平凸透镜时，由透镜的凸面和平面玻璃片的上表面
反射的光将发生干涉，从而通过透镜就可以观察到一系列以接触点 O 为圆心的、明暗相间
的圆环形干涉条纹，如图 12-19b 所示。由于每一环干涉条纹所在处的空气薄层的厚度相等，
所以这些干涉条纹也是一种等厚干涉条纹，称为牛顿环。

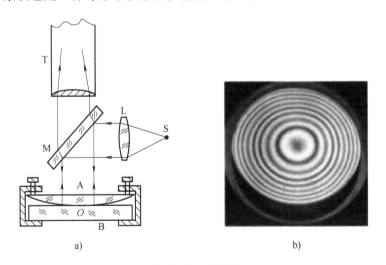

a)　　　　　　　　　　　　　　　　　　b)

图 12-19　牛顿环

下面来讨论当某单色光垂直入射时，干涉条纹的半径 r、入射波波长 λ 及透镜的曲率半
径 R 三者之间的关系。

由于空气劈尖的折射率小于玻璃的折射率，当波长为 λ 的单色光垂直入射时，可知在
空气劈尖的任一厚度 e 处，上下两表面反射光产生明暗环的条件为

$$2ne+\frac{\lambda}{2}=\begin{cases} k\lambda, & k=1,2,3,\cdots, \quad 明纹 \\ (2k+1)\dfrac{\lambda}{2}, & k=0,1,2,\cdots \quad 暗纹 \end{cases} \tag{12-10}$$

设某一级牛顿环的半径为 r，则由图 12-20 中的直角三角形可得

$$r^2=R^2-(R-e)^2=2Re-e^2$$

因为 $R\gg e$，e^2 可以从式中略去，于是

$$e=\frac{r^2}{2R} \tag{12-11}$$

从式（12-11）中解出 e，代入式（12-10），可求得明环和暗环的半径分别为

$$r=\begin{cases} \sqrt{(2k-1)R\dfrac{\lambda}{2n}}, & k=1,2,3,\cdots \quad 明环 \\ \sqrt{kR\dfrac{\lambda}{n}}, & k=0,1,2,\cdots \quad 暗环 \end{cases} \tag{12-12}$$

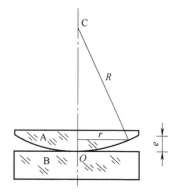

图 12-20　牛顿环半径的计算用图

由上式之一可以推出两相邻明环或暗环间的半径之差为

$$r_{k+1}^2-r_k^2=\frac{R\lambda}{n}$$

$$r_{k+1}-r_k=\frac{R\lambda}{n(r_{k+1}+r_k)}$$

由此可知，随着级数 k 的增大，相邻两明环或暗环的半径之差减小，即干涉条纹变得越来越密，如图 12-19b 所示。

在透镜与平板玻璃的接触处，薄膜厚度 $e=0$，由于光在平板玻璃的上表面反射时有半波损失，所以两反射光的光程差为 $\lambda/2$，因此我们可以看到，牛顿环的中心是一个暗斑。

应用牛顿环干涉实验，可以测定平凸透镜的曲率半径及入射单色光波的波长。在制作光学元件时，还可以根据牛顿环干涉条纹的圆形程度，来检测透镜的曲率半径是否均匀（把磨好的平凸透镜放在标准的光学平面玻璃片上），以及平面玻璃是否为一光学平面（把标准的平凸透镜放在待测的玻璃片上）。另外，应用牛顿环还可检验平凸透镜的曲率半径是否符合要求。它是将具有一标准曲率半径的凹面玻璃与一待测的平凸透镜叠放在一起，如果平凸透镜的曲率半径与标准值稍有偏离，则会看到牛顿环，环纹越密，说明其曲率半径与标准值的偏差越大。

例 12-5　利用空气劈尖测量细丝直径如图 12-21 所示，已知波长 $\lambda=589.3$nm 的光垂直入射空气劈尖，$L=2.888\times10^{-2}$m，测得 30 条明纹的总宽度 $\Delta x=4.295\times10^{-2}$ m，求细丝直径 d。

解：由式（12-9）知，相邻两明纹的间距

$$l=\frac{\lambda}{2n\theta}$$

其中 $\theta=\dfrac{d}{L}$，得细丝直径为

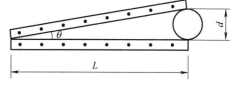

图 12-21　例 12-5 图

$$d=\frac{\lambda}{2nl}L \tag{1}$$

若已知 N 条条纹的宽度为 Δx，则相邻两条纹的间距为

$$l = \frac{\Delta x}{N-1} \tag{2}$$

代入式（1），得细丝直径为

$$d = \frac{\lambda(N-1)L}{2n\Delta x} = 5.75 \times 10^{-5}\,\text{m}$$

例 12-6 在半导体器件生产中，为精确测定硅片上的 SiO_2 薄膜厚度，将薄膜一侧腐蚀成劈尖形状，如图 12-22 所示。用波长为 589.3nm 的钠黄光从空气中垂直照射图 12-22 薄膜的劈尖部分，共看到 5 条暗条纹，且第 5 条暗条纹恰位于图中 N 处，试求此 SiO_2 薄膜的厚度。已知：Si 的折射率为 3.42，SiO_2 的折射率为 1.50。

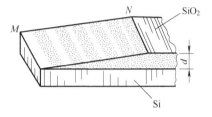

图 12-22　例 12-6 图

解法一：利用暗条纹条件来计算薄膜厚度。

设 SiO_2 薄膜的厚度为 e，由于空气、SiO_2 及 Si 的折射率依次增大，薄膜上、下表面的反射光无附加光程差，所以，其光程差为

$$\delta = 2ne$$

此时的暗条纹条件为

$$\delta = 2ne = (2k-1)\frac{\lambda}{2}$$

已知 N 处为第 5 条暗纹，M 处为零级明纹。所以，N 处的暗条纹为第 5 级暗纹，$k=5$，因此，N 处的厚度，也即薄膜的厚度为

$$e = \frac{(2k-1)}{4n}\lambda = 884\,\text{nm}$$

解法二：利用相邻暗条纹对应的薄膜厚度差来计算薄膜厚度。

相邻两暗条纹对应的薄膜厚度差 Δe 为

$$\Delta e = \frac{\lambda}{2n}$$

第 5 条暗条纹与第 1 条暗条纹相对应的薄膜厚度差为 $4\Delta e$。而劈尖棱边处为明条纹，此明条纹与第一条暗条纹对应的薄膜厚度差为 $0.5\Delta e$，因此，N 处的厚度

$$e = \frac{4.5\lambda}{2n} = 884\,\text{nm}$$

例 12-7 用紫光观察牛顿环现象时，看到第 k 级暗环中心的半径 $r_k = 4$mm，第 $k+5$ 级暗环中心的半径 $r_{k+5} = 6$mm。已知所用凸透镜的曲率半径为 $R = 10$m，求紫光的波长和环数 k。

解：根据牛顿环的暗环半径公式 $r = \sqrt{kR\lambda}$，得

$$r_k = \sqrt{kR\lambda}, \quad r_{k+5} = \sqrt{(k+5)R\lambda}$$

从以上两公式可解出 $k=4$。

12.6 迈克耳孙干涉仪

12.6.1 迈克耳孙干涉仪简介

1881年，美国物理学家迈克耳孙根据光的分振幅干涉原理，研制成了一种精密的光学仪器——迈克耳孙干涉仪。它的制成和应用曾在物理学的发展史上发挥过巨大的促进作用。

图12-23是迈克耳孙干涉仪的实物图和构造简图。图中 M_1 和 M_2 是两面精细磨光的平面反射镜，分别放置于相互垂直的两臂上，其中 M_1 是固定的；M_2 由精密丝杆控制，可前后做微小移动。在两臂轴线相交处，有一块与两轴成45°角的平行平面玻璃板 G_1，在它的后表面上镀有半透明半反射的薄银膜，以便将入射光分成振幅接近相等的透射光1和反射光2，故 G_1 称为分光板。G_2 与 G_1 平行放置，材料、厚度和折射率均与 G_1 相同。G_2 的作用是使光线1、2都能以相同的次数穿过等厚的玻璃板，以免在光线1和2之间产生过大的光程差，因此把 G_2 称为补偿板。

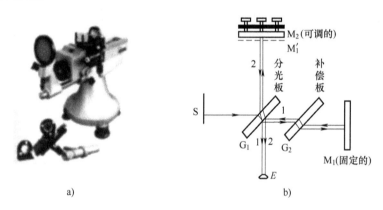

图12-23　迈克耳孙干涉仪

a）实物图　b）构造简图

由面光源 S 发出的光，在 G_1 处分成两部分，透射光1穿过 G_2 向着 M_1 前进，反射光2则射向 M_2，这两束光分别被 M_1、M_2 反射后，逆着各自的入射方向返回，最后在 E 处相遇。由于这两束光是相干光，因而在 E 处的观察者可以看到干涉条纹。

在图12-23b中，M_1' 是 M_1 经 G_1 的薄银层所形成的虚像，因此，来自 M_1 的反射光线1可以看作是从虚像 M_1' 发出的。如果 M_1 与 M_2 严格互相垂直，则 M_1' 与 M_2 严格平行，这时将观察到环形的等倾干涉条纹。而通常情况下，M_1 与 M_2 并不严格相互垂直，因此 M_1' 与 M_2 也就不严格平行，这样在 M_1' 和 M_2 之间就形成了一空气劈尖，此时可观察到等厚干涉条纹。当 M_2 做微小移动时，将引起等厚干涉条纹的移动。设某入射单色光的波长为 λ，则每当 M_2 移动 $\lambda/2$ 的距离时，观察者就可看到有一条干涉明纹（或暗纹）移过。因此，只要数出视场中移过某一刻度位置的明纹（或暗纹）的数目 N，就可以计算出 M_2 移动的距离

$$\Delta d = N \frac{\lambda}{2} \tag{12-13}$$

利用式（12-13），可由已知波长的光测定微小长度，也可由已知的微小长度测定某光波

的波长。1892 年，迈克耳孙用他的干涉仪，最先以红镉线的波长为单位测定了国际标准米尺的长度。在温度 $t=8℃$ 和压强 $p=1atm$ 的干燥空气中，测得红镉线的波长为 643.84722nm，$1m=1553163.5$ 倍红镉线的波长。

1881 年，迈克耳孙和莫雷二人应用迈克耳孙干涉仪进行了著名的迈克耳孙-莫雷实验，试图通过实验来测定地球在"以太"中运动的相对速度，实验中所得到的否定结果成为爱因斯坦狭义相对论的实验依据。

12.6.2　时间相干性

一般认为，从单色光源发出的光，经干涉装置分束后，再相遇时总能够产生干涉现象。但是，在迈克耳孙干涉仪中，如果将补偿板 G_2 移去，干涉条纹便会消失。为什么会出现这种现象呢？

前面已经提到，补偿板 G_2 的作用是使光线 1 和 2 之间不会有过大的光程差。而由普通光源的发光机制我们知道，原子每次发出的光波波列的长度是有限的。如果相干光的光程差大于它们的波列长度，那么由同一光波波列分解出来的两波列将不能重叠，也就不会再发生干涉现象。例如在迈克耳孙干涉仪的光路中，光源先后发出两个波列 a 和 b，每个波列都被分光板分成 1、2 两列光波，用 a_1、a_2、b_1、b_2 表示。如图 12-24a 所示，当两路光程差不太大时，由同一光波波列分解出来的两光波列 a_1 和 a_2、b_1 和 b_2 等可能重叠，这时就能发生干涉。但是，当两光路的光程差太大时，如图 12-24b 所示，由同一光波波列分解出来的 a_1 和 a_2、b_1 和 b_2 将不再重叠，也就不可能发生干涉现象了。我们把两分光束能够发生干涉的最大光程差，即波列的长度，称为该光波的**相干长度**。相应地，我们把传播一个波列所需要的时间称为**相干时间**。当同一波列分解出的 1、2 两分波列到达观察点的时间间隔小于相干时间时，就可产生干涉现象。显然，某光波的相干时间（或相干长度）越长，两波列在相遇点相互叠加的时间就越长，那么干涉条纹的可见度就越高。我们常用相干时间（或相干长度）来衡量某单色光源相干性的好坏，并把光的这一属性称为**光的时间相干性**。

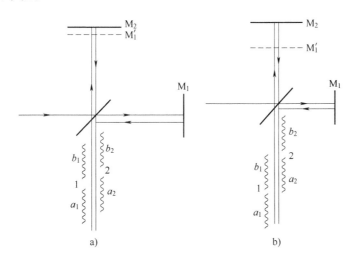

图 12-24　说明相干长度用图

时间相干性问题不仅存在于迈克耳孙干涉仪中，在所有的干涉现象中都存在时间相干性的问题。例如，在杨氏双缝实验中，偏离中央明条纹越远的地方，干涉图样越模糊，甚至分辨不清，其原因就在于此。

习　题

12-1　单色平行光照在厚度为 e 的薄膜上，经上下两表面反射的两束光发生干涉，如图 12-25 所示。若 $n_2>n_1$，$n_2>n_3$，λ 为真空中的波长，求两束反射光的光程差。

12-2　用波长为 λ 的单色平行光垂直照射牛顿环装置，观察从空气膜上下两表面反射光形成的牛顿环，求第五级暗纹对应的空气膜的厚度。

12-3　真空中波长为 λ 的单色光，在折射率为 n 的介质中从 A 点传到 B 点，相位改变 2π，求光程和从 A 到 B 的几何路程。

图 12-25　习题 12-1 图

12-4　光强均为 I_1 的两束相干光相遇而发生干涉，求在相遇区域内有可能出现的最大光强和最小光强。

12-5　一束波长为 λ 的单色光，从空气垂直入射到折射率为 n 的透明薄膜上，求：（1）要使反射光得到加强，薄膜的最小厚度；（2）要使透射光得到加强，薄膜的最小厚度。

12-6　用波长为 λ 的单色光垂直照射如图 12-26 所示的劈尖薄膜（$n_1<n_2>n_3$），观察反射光干涉，求：（1）劈尖顶角处是什么条纹？（2）从劈尖顶算起，第三条暗纹中心所对应的厚度。

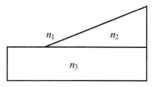

图 12-26　习题 12-6 图

12-7　在杨氏双缝干涉实验中，屏与双缝间的距离距 $D=1\text{m}$，用钠光灯作单色光源（$\lambda=589.3\text{nm}$），求：（1）双缝间的距离距 $d=2\text{mm}$ 时，相邻两明纹间的距离 Δx；（2）如果肉眼仅能分辨两条纹的间距为 0.15mm，现要用肉眼观察干涉条纹，问双缝的最大间距是多少？

12-8　用很薄的云母片（$n=1.58$）覆盖在杨氏双缝实验中的一条缝上，观察到零级明纹由屏幕中心移到原来的第 8 级明纹的位置。已知入射光的波长为 $\lambda=550\text{nm}$，试求云母片的厚度。

12-9　在空气中垂直入射的白光从肥皂膜上反射，在可见光谱中630nm 处有一干涉极大，而在 525nm 处有一干涉极小，在这极大与极小之间没有另外的极小。假定膜的厚度是均匀，求这膜的厚度。（肥皂水的折射率 $n=1.33$）

12-10　用单色光观察牛顿环，测得某一亮环的直径为 3mm，在它外边第 5 个亮环的直径为 4.6mm，所用平凸透镜的凸面曲率半径为 1.031m，求此单色光的波长。

第 13 章

光的衍射

衍射和干涉一样，也是波动的一个重要基本特征。在第 10 章中已经介绍过，波在传播过程中遇到障碍物时能够绕过障碍物的边缘前进，这种偏离直线传播的现象称为波的衍射现象。光作为一种电磁波也能产生衍射现象。本章将介绍光的衍射现象的规律，同时说明在光的衍射现象中光强的分布特点，主要讨论单缝衍射、衍射光栅和 X 射线的衍射。

13.1　光的衍射现象　惠更斯-菲涅耳原理

13.1.1　光的衍射现象

讨论机械波时，我们已经知道，只有当障碍物或孔隙的尺寸和波长可以比拟时，衍射现象才会显著。而在通常情况下，由于一般障碍物或孔隙的线度都远大于光波的波长，所以光的衍射现象并不易被人们所观察到，但在实验室中却可以很容易地看到光的衍射现象。

如图 13-1a 所示，K 是一个宽度可调节的狭缝。让一束单色平行光通过 K，当狭缝的宽度比光波波长大得多时，在屏幕 P 上就会呈现亮度均匀且形状和狭缝 K 几乎完全一致的光斑 E，此时的光可看成是沿直线传播，光斑 E 即为 K 的几何投影；当我们逐渐缩小缝的宽度时，光斑 E 的宽度也随之减小，但当缝宽缩小到可以与光波波长相比拟时，光斑在其亮度下降的同时，其宽度范围反而扩宽，并且形成了明暗相间的条纹，如图 13-1b 所示。这就是**光的衍射现象**，即光在传播过程中，当遇到大小可以和光波长相比拟的障碍物（如小孔、小屏、狭缝、毛发及细针等）时，光可以绕过障碍物的边缘偏离直线传播，并且衍射后能够形成明暗相间的衍射图样。

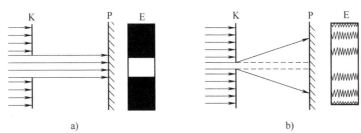

图 13-1　光的衍射现象实验

在上述实验中，如果用白光照射单缝，屏幕上则会出现中央为白条纹、两侧为对称分布的彩色条纹图样。如果用细线、针、毛发等一类细长的障碍物代替狭缝 K，在屏幕上也会出现明暗条纹或彩色条纹；如果用平行光垂直照射到具有直线边缘的障碍物时，还可看到边缘复杂的衍射图样，如图 13-2 所示。.

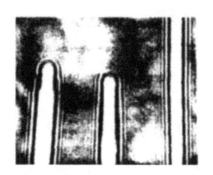

图 13-2　刀片边缘的衍射图样

13. 1. 2　惠更斯-菲涅耳原理

在机械波中，应用惠更斯原理可以对波的衍射现象做定性说明。但是，惠更斯原理却无法解释光的衍射图样中光强的分布。菲涅耳用"子波相干叠加"的概念发展了惠更斯原理，使之成为研究衍射问题的基础理论。

菲涅耳假定，波在传播过程中，从同一波阵面上各点所发出的子波，经传播而在空间某点相遇时，也可以相互叠加而产生干涉现象，空间各点波的强度由各子波在该点的相干叠加所决定。经过这样发展了的惠更斯原理被称为**惠更斯-菲涅耳原理**。

根据这个原理，如果已知光波在某一时刻的波阵面 S，则空间任一点 P 的光振动就可由 S 面上所有面元 dS 发出的子波在 P 点引起的合振动来表示。菲涅耳具体指出：在给定波阵面上，每一面元 dS 发出的子波在 P 点引起的振动的振幅与 dS 成正比，与面元到 P 点的距离 r 成反比，还与 r 和 dS 的法线之间的夹角 θ 有关，如图 13-3 所示。至于 P 点处光振动的相位，则仅由 r 来决定。由此，点 P 处的光振动可由下面的积分式表示为

$$E = \int C \frac{K(\theta)}{r} \cos 2\pi \left(\frac{t}{T} - \frac{r}{\lambda} \right) dS \qquad (13\text{-}1)$$

这便是惠更斯-菲涅耳原理的数学表达式。式中，C 为比例系数；$K(\theta)$ 为随 θ 角增大而缓慢减小的函数，称为倾斜因子。当 $\theta = 0$ 时，$K(\theta)$ 最大；当 $\theta \geqslant \frac{\pi}{2}$ 时，$K(\theta) = 0$，因而光强为零，这就解释了子波为什么不能向后传播的问题。

应用惠更斯-菲涅耳原理，原则上可以解决一般的衍射问题，但是积分相当复杂。为避免复杂的计算，后面我们将应用菲涅耳半波带法定性解释光的衍射现象。

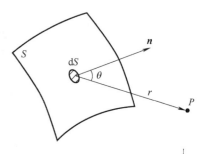

图 13-3　惠更斯-菲涅耳原理说明图

13.1.3　衍射的分类

衍射系统一般由光源、衍射屏和接收屏三部分组成，依照三者之间的相对位置关系通常把衍射分为两类：一类是菲涅耳衍射，在这种衍射中，光源和接收屏（或二者之一）与衍射屏的距离为有限远，如图 13-4a 所示；另一类是夫琅禾费衍射，即光源、接收屏与衍射屏这三者之间的距离都是无限远的衍射，如图 13-4b 所示。夫琅禾费衍射中，由于入射光和衍射光都是平行光，所以也称为平行光衍射。在实验室中，通常利用两个会聚透镜来实现夫琅禾费衍射，如图 13-4c 所示。夫琅禾费衍射在实际应用上有十分重要的意义，其理论分析也比菲涅耳衍射简单得多，因此，本章主要讨论夫琅禾费衍射。

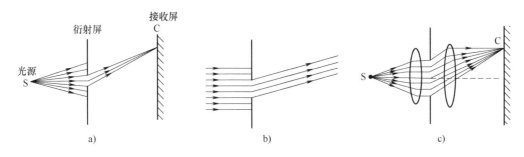

图 13-4　菲涅耳衍射和夫琅禾费衍射

a）菲涅耳衍射　b）夫琅禾费衍射　c）在实验中产生夫琅禾费衍射

13.2　单缝的夫琅禾费衍射

单缝夫琅禾费衍射的实验装置如图 13-5a 所示。K 为单缝，线光源 S 和屏幕 E 分别位于透镜 L_1 和 L_2 的焦平面上。由光源 S 发出的光，经透镜 L_1 后形成一平行光束，这束平行光射向单缝 K 后再经透镜 L_2 会聚，在屏幕 E 上便会出现一组平行于单缝的衍射条纹，如图 13-5b所示。由图中可以看出，在这些条纹中，中央明条纹最亮也最宽，其两侧对称地分布着明暗相间的条纹。

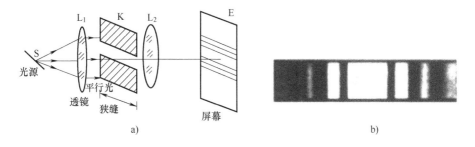

图 13-5　单缝的夫琅禾费衍射

a）实验装置　b）单缝的衍射图样

下面用菲涅耳半波带法来分析单缝夫琅禾费衍射。

如图 13-6 所示，设单缝的宽度为 a，根据惠更斯-菲涅耳原理，屏幕上任一点 P 的光振

动是单缝处波阵面 AB 上各子波波源所发出的子波在 P 点的相干叠加。

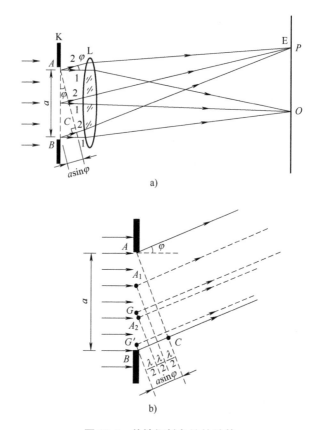

图 13-6　单缝衍射条纹的计算

在平行单色光的垂直照射下，波阵面 AB 上的各子波波源沿各个方向发出光线，我们把这些光线称为衍射光，衍射光线与单缝平面法线之间的夹角称为衍射角。衍射角 φ 相同的衍射光线（图 13-6a 中用 2 表示）经透镜后，聚焦在屏幕上 P 点。从图中可以看出，两条边缘光线间的光程差为

$$BC = a\sin\varphi$$

P 点条纹的明暗完全取决于光程差 BC 的值。菲涅耳在惠更斯-菲涅耳原理的基础上，提出了将波阵面分割成许多平行的等面积的半波带的办法。在单缝夫琅禾费衍射中，可以作一些平行于 AC 的平面，使任何两相邻平面之间的距离等于入射光的半波长 $\lambda/2$，如图 13-6b 所示。假定这些平面将单缝处的波阵面 AB 分成 AA_1，A_1A_2，…整数个半波带。由于各个半波带的面积相等，所以它们在 P 点所引起的光振动振幅近似相等；在两相邻的半波带上，任何两个对应点所发出的光线的光程差总是 $\lambda/2$，即相位差总是 π，而且经过透镜会聚时也不产生附加光程差，所以到达 P 点时的相位差仍是 π，结果任何两个相邻的半波带所发出的光线在 P 点将完全相互抵消。可见，当 BC 是半波长的偶数倍时，即对应于某给定的衍射角 φ 单缝可以分成偶数个半波带时，所有半波带的作用将成对地相互抵消，在 P 点处将出现暗条纹；当 BC 是半波长的奇数倍时，即单缝可分成奇数个半波带时，成对相互抵消的结果还将留下一个半波带的作用，则 P 点将出现明条纹。上述结论可用如下数学形式表示为

$$a\sin\varphi = \begin{cases} \pm 2k\dfrac{\lambda}{2}, & k=1,2,3,\cdots \quad 暗纹 \\[3mm] \pm(2k+1)\dfrac{\lambda}{2}, & k=1,2,3,\cdots \quad 明纹 \end{cases} \qquad (13\text{-}2)$$

对应于 $k=1$，2，3，…的衍射暗（明）条纹分别叫作第一级暗（明）纹、第二级暗（明）纹……式（13-2）中正负号则表示各级暗（明）纹对称地分布在中央明条纹的两侧。式（13-2）称为**单缝夫琅禾费衍射的衍射公式**。

中央明条纹实际上是两侧第一级暗条纹之间的区域，此时衍射角 φ 满足

$$-\frac{\lambda}{a}<\sin\varphi<\frac{\lambda}{a} \qquad (13\text{-}3)$$

由式（13-3）可知，如果 $\sin\varphi=\dfrac{\lambda}{a}$，则这个 φ 值对应于中央明纹的角范围的一半，称为**半角宽度**，即

$$\varphi=\arcsin\frac{\lambda}{a}$$

当 φ 很小时

$$\varphi\approx\frac{\lambda}{a} \qquad (13\text{-}4)$$

必须指出的是，对于任意衍射角 φ 来说，AB 一般不能恰好分成整数个半波带，亦即 BC 不一定恰好等于 $\lambda/2$ 的整数倍。此时，这些衍射光线经透镜会聚后，在屏幕上形成的光强介于最明与最暗之间的中间区域。因此，在单缝衍射条纹中，光强的分布并不是均匀的，如图 13-7 所示。中央明纹最亮，也最宽，约为其他明条纹宽度的两倍［由式（13-2）计算也可得到这一结论］。中央明纹的两侧光强迅速减小，直至第一级暗纹。其后，光强又逐渐增大成为第一级明纹，依此类推。各级明纹随着级数的增加，其亮度逐渐下降。这是由于衍射角越大，波阵面 AB 被分成的半波带的个数就越多，未被抵消的半波带面积占波阵面 AB 的比例就越小，因而明条纹越暗。

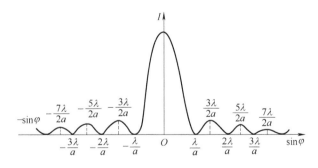

图 13-7 单缝衍射条纹的光强分布

由式（13-2）可知，当单缝宽度 a 一定时，对于同一级衍射条纹，$\sin\varphi$ 与入射光的波长 λ 成正比，波长越长，则衍射角开得越大。因此，当以白光入射时，除中央明纹仍是白色外，其两侧的各级明纹中将由近及远依次出现由紫到红的彩色条纹。对于较高的级次，彩色条纹还可能发生级次重叠，即第 $k+1$ 级紫光条纹可能位于第 k 级红光条纹之前。

由式（13-2）还可以看出，对于波长一定的单色光来说，单缝的宽度 a 越小，与各级衍射条纹相对应的衍射角 φ 就越大，衍射条纹的间隔就越宽，衍射作用也就越明显。反之，a 越大，与各级衍射条纹相对应的衍射角 φ 就越小，衍射条纹的间距就越小，甚至无法分辨，衍射作用就越不显著。如果 $a \gg \lambda$，各级衍射条纹全部并入中央明条纹，形成单一的明纹，这就是透镜所造成的单缝的像。这是从单缝射出的平行光线直线传播的结果。由此可知，通常所说的光的直线传播现象，只是障碍物的线度远大于光的波长，使得衍射现象不显著的结果。

例 13-1 波长为 $\lambda = 500\text{nm}$ 的单色光，垂直照射到宽度为 $a = 0.25\text{mm}$ 的单缝上。在缝后置一凸透镜，使之形成衍射条纹，若透镜焦距为 $f = 25\text{cm}$，求：

（1）屏幕上第一级暗纹中心与中央明纹中心的距离；

（2）中央明条纹的宽度；

（3）其余各级明条纹的宽度。

解：（1）按暗条纹条件：

$$a\sin\varphi = \pm 2k\frac{\lambda}{2}$$

令 $k = 1$，因中央明条纹两侧的条纹是对称的，故只需讨论其中的一侧，于是有

$$a\sin\varphi = \lambda$$

设第一级暗条纹中心与中央明条纹中心的距离为 x_1，又因为 φ 很小，$\sin\varphi \approx \tan\varphi = \dfrac{x_1}{f}$，则上式变为

$$a\tan\varphi = a\frac{x_1}{f} = \lambda$$

因此有

$$x_1 = \frac{\lambda}{a}f = 0.05\text{cm}$$

（2）中央明纹的宽度，即中央明纹上、下两侧第一级暗纹间的距离

$$s_0 = 2x_1 = 2\frac{\lambda}{a}f = 2 \times 0.05\text{cm} = 0.10\text{cm}$$

（3）设第 k 级明条纹（除中央明条纹）的宽度为 s，则 s 等于第 $k+1$ 级和第 k 级两相邻暗条纹间的距离，有

$$s = x_{k+1} - x_k = (k+1)\frac{\lambda}{a}f - k\frac{\lambda}{a}f = \frac{\lambda}{a}f = 0.05\text{cm}$$

由此可见，除中央明条纹外，所有其他各级明条纹的宽度均相等，而中央明条纹的宽度为其他明条纹宽度的两倍。

13.3 光栅衍射

13.3.1 光栅

由大量等宽、等间距的平行狭缝所构成的光学元件称为**光栅**。光栅可分为透射光栅和反射光栅两种。用于透射光衍射的光栅称为透射光栅。比如在一块玻璃片上，刻出大量等宽等

间距的平行刻痕，其刻痕处因漫反射不易透光，而刻痕间未刻过的部分相当于透光的狭缝，这样便制成了一种透射光栅。用于反射光衍射的光栅称为反射光栅。如在光洁度很高的金属表面上，刻出大量等间距的平行细槽，这样就做成了一种反射光栅。

透射光栅的总缝数为 N，缝宽为 a，刻痕的宽度为 b，则 $a+b$ 为相邻两缝间的距离，称为**光栅常数**。如果 1cm 内刻有 1000 条刻痕，那么光栅常数为 $a+b=1\times10^{-5}$m。现代的光栅通常在 1cm 的宽度内就刻有几千乃至上万条刻痕，所以，光栅常数都很小，一般为 $10^{-6}\sim10^{-5}$m 数量级。

13.3.2 光栅衍射规律

如图 13-8 所示，当一束平行单色光垂直照射光栅 R 时，平行衍射光经透镜 L 会聚后，将在屏幕 E 上呈现出光栅的衍射图样。与单缝衍射图样不同的是：光栅衍射的各级明条纹细而明亮，而且在两相邻的明纹之间有着很宽的暗区。实验表明，光栅上的狭缝数越多，明条纹就越细、越亮，明条纹之间的暗区也越宽、越暗，如图 13-9 所示。

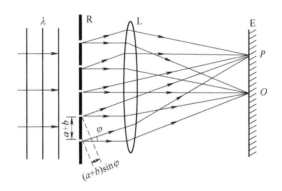

图 13-8 光栅衍射

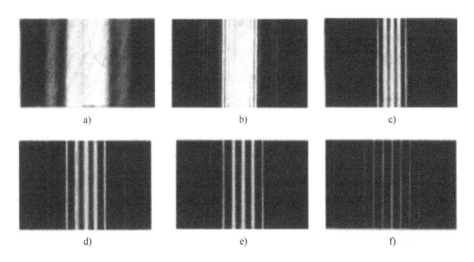

a)　　　　　　b)　　　　　　c)

d)　　　　　　e)　　　　　　f)

图 13-9 不同狭缝数光栅的衍射图样

a) 1 条缝　b) 2 条缝　c) 3 条缝　d) 5 条缝　e) 6 条缝　f) 20 条缝

光栅是由许多条狭缝组成的，当平行光入射时，每一条狭缝都要产生衍射，而各个狭缝的衍射光在相遇后又要发生多光束干涉。所以说，光栅的衍射条纹是单缝衍射与多缝干涉的总效果。

下面我们分析光栅衍射条纹的分布规律。

1. 光栅公式

如图 13-8 所示，对于衍射角为 φ 的一组平行衍射光，经透镜 L 后会聚于屏幕上的 P 点。从图中可以看出，任意相邻两缝所射出的光线的光程差均为 $(a+b)\sin\varphi$。如果衍射角 φ 满足

$$(a+b)\sin\varphi = \pm k\lambda, \quad k = 0, 1, 2, \cdots \tag{13-5}$$

即相邻两缝间的光程差为入射光波长的整数倍时，N 个缝的衍射光在 P 点干涉加强，形成明条纹。上式称为**光栅公式**，式中的 k 表示明纹的级数，满足式（13-5）的各级明纹又称为**主极大明条纹**。

由光栅公式可以知道，当入射光波长一定时，光栅常数 $(a+b)$ 越小，各级明纹的衍射角 φ 就越大，明纹间的间隔也越大。

2. 缺级现象

光栅公式只是形成主极大明条纹的必要条件。在实际光栅衍射图样中，对应于光栅公式确定的主极大明条纹出现的位置，并不都有主极大明条纹出现。如果衍射角 φ 满足光栅公式，又同时满足单缝衍射的暗纹条件，即

$$(a+b)\sin\varphi = \pm k\lambda, \quad k = 0, 1, 2, \cdots$$
$$a\sin\varphi = \pm k'\lambda, \quad k' = 0, 1, 2, \cdots$$

则对应于这一衍射角 φ 的屏幕上，将不出现由缝与缝之间的干涉加强作用而产生的主极大明条纹。因此，从光栅公式看应出现明条纹的位置，实际上却是暗条纹，这种现象称为光栅的**缺级现象**。将上述两式相比，可知光栅衍射光谱线缺级的级数为

$$k = k'\frac{a+b}{a}, \quad k' = \pm 1, \pm 2, \pm 3, \cdots \tag{13-6}$$

当 k 为整数时，即为缺的级数。例如：当 $(a+b) = 3a$ 时，缺级的级数为 $k = \pm 3$，± 6，$\cdots$。这种现象也可解释为多缝干涉结果要受单缝衍射结果的调制，如图 13-10 所示。

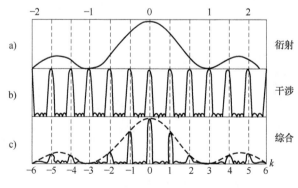

图 13-10 缺级现象

3. 暗纹和次明纹

在光栅衍射图样中，相邻两主极大明纹之间，还分布着一些暗纹和次明纹。可以证明，当衍射角 φ 满足条件

$$(a+b)\sin\varphi = \left(\pm k + \frac{n}{N}\right)\lambda, \quad k = 0, 1, 2, \cdots \tag{13-7}$$

时，屏幕上出现暗条纹。式中，k 为主极大级数；N 为光栅的总缝数；$n = 1$，2，$\cdots$，$N-1$。

由式（13-7）可知，在两个主极大之间，分布着（$N-1$）条暗条纹。而在每相邻两条暗纹之间，又一定存在着明纹，它们的光振动没有完全抵消，但其强度很弱，仅为主极大的光强的 4%，称之为次明纹或次极大。可以推知，两主极大明纹间有（$N-2$）条次明纹。可见，在光栅衍射中，形成暗纹和次明纹的机会远远大于形成明纹的机会。

由于光栅的总缝数很多，即 N 值很大，在相邻的主极大明纹之间布满了暗纹和光强极弱的次明纹，因此，在主极大明纹之间连成了一片很宽的暗区，明纹分得很开，也很细。由于光强大部分都集中在各级主极大明纹上，所以各级明条纹很亮。因此，光栅衍射图样的特征是：在明纹间有很宽的暗区，各级明纹分得很开，而且很细、很明亮。

13.3.3 衍射光谱

由光栅公式可知，在光栅常数一定时，衍射角 φ 与入射光波的波长成正比，波长越长，衍射角越大。如果用白光照射光栅，由于各种单色光的同一级主极大的角位置不同，波长短的光衍射角小，波长长的光衍射角大，除中央明条纹仍为白光外，其两侧将形成各级由紫到红、对称排列的彩色光带，称为光栅的**衍射光谱**，如图 13-11 所示。由于各谱线间的距离随光谱级数的增高而增加，因此级数较高的光谱会发生重叠。

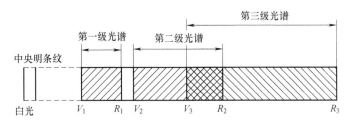

图 13-11 光栅的衍射光谱

各种物质都有一定的衍射光谱。测定光谱中各谱线的波长和其相对光强，可以确定该物质的成分和含量。这种物质分析方法称为**光谱分析**。光谱分析广泛应用于科学研究和工业技术等方面。在固体物理中，还可以利用光栅衍射测定物质光谱线的精细结构，从而使人们对物质的微观结构有较深入的了解。

例 13-2 已知一透射光栅的缝宽 $a = 1.582\times10^{-3}$mm，会聚透镜的焦距为 $f = 1.5$m。现以波长 $\lambda = 632.8$nm 的单色平行光垂直入射光栅，发现第四级缺级，试求：

（1）屏幕上第一级主极大与第二级主极大间的距离；

（2）屏幕上所呈现的全部主极大数。

解：（1）设透射光栅的刻痕宽度为 b（即相邻两缝间不透明部分的宽度），当光栅常数（$a+b$）= $4a$ 时，级数为 $\pm4k'$，$k' = 1$，2，3，$\cdots$的谱线缺级。故光栅常数（$a+b$）为

$$(a+b) = 4a = 4 \times 1.582 \times 10^{-3} \text{mm} = 6.328 \times 10^{-3} \text{mm}$$

设第一级与第二级主极大的衍射角分别为 θ_1、θ_2，它们距中央明纹的线距离分别为 x_1、x_2，则

$$x_1 = f \tan\theta_1, \quad x_2 = f \tan\theta_2$$

当 θ 很小时，$\tan\theta_1 \approx \sin\theta_1$，$\tan\theta_2 \approx \sin\theta_2$，又由光栅公式知

$$\sin\theta_1 = \frac{\lambda}{a+b}, \quad \sin\theta_2 = \frac{2\lambda}{a+b}$$

则

$$x_1 = f \frac{\lambda}{a+b}, \quad x_2 = f \frac{2\lambda}{a+b}$$

所以，在屏幕上第一级主极大与第二级主极大的距离近似为

$$\Delta x = f \frac{2\lambda}{a+b} - f \frac{\lambda}{a+b} = f \frac{\lambda}{a+b} = 15 \text{cm}$$

（2）由光栅公式 $(a+b)\sin\theta = \pm k\lambda$，$k = 0, 1, 2, \cdots$ 可得

$$k = \pm \frac{(a+b)\sin\theta}{\lambda}$$

代入 $\sin\theta = 1$，可得

$$k = \pm \frac{(a+b)}{\lambda} = \frac{6.328 \times 10^{-6} \text{m}}{6.328 \times 10^{-7} \text{m}} = \pm 10$$

考虑到 $k = \pm 4$、± 8 的谱线缺级，且 $k = \pm 10$ 的谱线无法观察到，所以屏幕上显现的全部亮条纹数为

$$2 \times (9-2) + 1 = 15$$

例 13-3 如图 13-12 所示，有一平面衍射光栅，每厘米刻有 5000 条狭缝。试问：

（1）当用 $\lambda = 589.3 \text{nm}$ 的钠黄光垂直入射光栅时，最多能看到第几级明条纹？

（2）如果让光线以 $\alpha = 30°$ 倾斜入射，则最多能看到第几级明条纹？

解：（1）当光线垂直入射时，按光栅公式

$$(a+b)\sin\varphi = \pm k\lambda, \quad k = 0, 1, 2, \cdots$$

有

$$k = \frac{(a+b)\sin\varphi}{\lambda}$$

其中 $(a+b) = \frac{10^{-2}}{5000} = 2 \times 10^{-6} \text{m}$，$\sin\varphi \leqslant 1$，$\lambda = 589.3 \times 10^{-9} \text{m}$，代入上式，得

$$k \leqslant \frac{(a+b)}{\lambda} = \frac{2 \times 10^{-6} \text{m}}{589.3 \times 10^{-9} \text{m}} \approx 3.4$$

因此，垂直入射时最多能看到第 3 级明条纹。

（2）如图 13-12 所示，当光线以 $\alpha = 30°$ 角入射到光栅上时，相邻狭缝的对应点所射出的光线在 P 处的光程差为

$$AB + BC = (a+b)\sin\alpha + (a+b)\sin\varphi$$

这样，光栅公式应改写为

$$(a+b)(\sin\alpha+\sin\varphi) = \pm k\lambda, \quad k = 0,1,2,\cdots$$

注意：当入射线和衍射线分别在光栅法线的两边时，P 点的光程差为 $AB-BC$，上式中的 φ 相应取负值。

因为 $\sin\varphi \leqslant 1$，从而由上式可得

$$k = \frac{(a+b)(\sin\alpha+\sin\varphi)}{\lambda} \leqslant \frac{(a+b)(\sin\alpha+1)}{\lambda}$$

代入已知数据，计算得

$$k \leqslant 5.1$$

这时，在屏幕下方一侧最多能看到第 5 级明条纹。

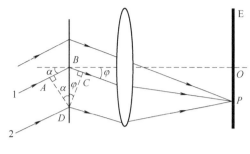

图 13-12　例 13-3 图

13.4　圆孔衍射　光学仪器的分辨率

13.4.1　圆孔的夫琅禾费衍射

在单缝夫琅禾费衍射的实验装置中，如果将单缝 K 换成一小圆孔，就构成了一个观察夫琅禾费圆孔衍射的装置。这时，通过小圆孔的衍射光经透镜 L_2 会聚后，在屏幕上会形成圆孔的夫琅禾费衍射图样，如图 13-13 所示。

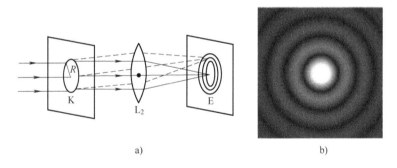

a) b)

图 13-13　圆孔的夫琅禾费衍射

由于人眼的瞳孔和大多数光学仪器中透镜的边缘都是圆形的，并且都是对平行光或近似于平行光成像的，所以圆孔夫琅禾费衍射具有重要的意义。

夫琅禾费圆孔的衍射图样如图 13-13b 所示，图样中央是一明亮的圆斑，周围是一系列明暗相间的同心圆环，由第一级暗环所围的中央亮斑称为爱里斑。通过理论计算可以证明，爱里斑的光强约占整个入射光束总光强的 84%，其半角宽度就是第一级暗环所对应的衍射角

$$\theta \approx \sin\theta = 0.61\frac{\lambda}{R} = 1.22\frac{\lambda}{D} \tag{13-8}$$

式中，R 和 D 是圆孔的半径和直径。比较上式和单缝衍射的半角宽度公式，除了一个反映几何形状不同的因数 1.22 外，二者在定性方面是一致的，即当 $\dfrac{\lambda}{D} \ll 1$ 时，衍射现象可忽略；

圆孔直径 D 越小或 λ 越大，则衍射现象越明显。

如果已知爱里斑的直径为 d，透镜 L_2 的焦距为 f，则由图 13-14 可知半角宽度又可表示为

$$\theta \approx \sin\theta \approx \tan\theta = \frac{d}{2f} \tag{13-9}$$

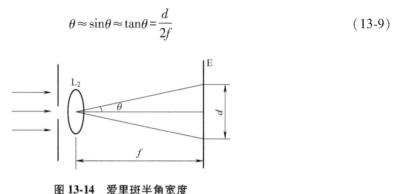

图 13-14　爱里斑半角宽度

13.4.2　光学仪器的分辨率

从几何光学的观点来看，物体通过光学仪器成像时，每一物点都有一个对应的像点。只要适当选择透镜的焦距，并适当安排多个透镜的组合，则任何微小的物体，总可以放大到清晰可见的程度。但实际上，任何光学仪器的分辨能力都有一个最高极限，其原因就在于光的衍射现象。光学仪器中的透镜、光阑等均相当于一个透光的小圆孔。由于光的衍射现象，当一点光源所发出的光经过透镜后，生成的已不是一个几何像点，而是一个衍射图样，其主要部分是爱里斑。用光学仪器观察两个邻近的物点时，实际上看到的像是两个爱里斑，如果这两个爱里斑相距太近，以至于有大部分的重叠时，这两个物点就会被看成是一个像点而分辨不清，如图 13-15a 所示；当这两个爱里斑相距足够远时，这两个物点就能够分辨清楚，如图 13-15c 所示。可见，光的衍射现象限制了光学仪器的分辨能力。

对于一个光学仪器，两个物点能否被分辨通常按**瑞利准则**来判断：如果一个衍射图样的中央最亮处刚好与另一个衍射图样的第一个最暗处相重合，则此两物点被认为是刚刚可以分辨。也就是说，如果一个衍射图样的爱里斑的中心刚好落在另一个衍射图样的爱里斑的边缘上时，这两个物点刚好能被光学仪器分辨，如图 13-15b 所示。此时，两衍射图样重叠区的光强约为每个衍射图样中心最亮处光强的 80%，一般人的眼睛刚刚能够分辨出这是两个物点的像。

根据瑞利准则可知，当两个物点刚刚能被分辨时，它们的衍射图样中两爱里斑的中心之间的距离应等于爱里斑的半径。此时，两物点在透镜处所张的角称为**最小分辨角**，用 $\delta\theta$ 表示，如图 13-16 所示。它正好等于每个爱里斑的半角宽度，即

$$\delta\theta = 1.22\frac{\lambda}{D} \tag{13-10}$$

最小分辨角的倒数称为光学仪器的**分辨率**，用 R 表示：

$$R = \frac{1}{\delta\theta} = \frac{D}{1.22\lambda} \tag{13-11}$$

由式（13-11）可知，光学仪器的分辨率与仪器的孔径 D 成正比，与物点出射光波的波

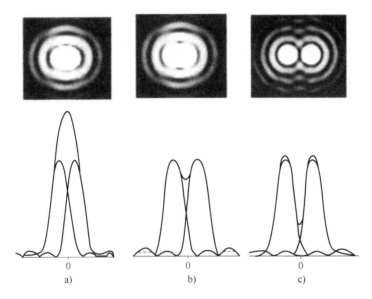

图 13-15　分辨两个衍射图样的条件

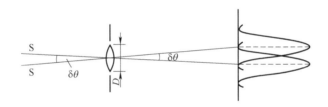

图 13-16　最小分辨角

长 λ 成反比。仪器的孔径越大、所用光波的波长越小,仪器的分辨率就越高。因此,在天文观测中,总采用大孔径的天文望远镜;用显微镜观察细微物体时,常用短波段的光照射物体。近代的电子显微镜,利用电子束的波动性成像。电子束的波长很短,数量级可达0.1nm。因此,电子显微镜的分辨率很高,比普通光学显微镜的分辨率高数千倍。

例 13-4　已知地球到月球的距离为 3.84×10^8 m,设来自月球的光的波长为600nm,若在地球上用物镜直径为 1m 的一天文望远镜观察时,刚好将月球正面一环形山上的两点分辨开,则该两点间的距离为多少?

解:天文望远镜的最小分辨角为

$$\delta\theta = 1.22 \frac{\lambda}{D}$$

设环形山上的两点之间的距离为 l,地球与月球之间的距离为 d,则两点对物镜的张角 θ 为

$$\theta \approx \frac{l}{d}$$

由于两点刚好被天文望远镜分辨开,所以,此角就是最小分辨角,即

$$\theta \approx \frac{l}{d} = 1.22 \frac{\lambda}{D}, \quad l = 1.22 \frac{\lambda d}{D} = 1.22 \times \left(\frac{600 \times 10^{-9} \times 3.84 \times 10^8}{1} \right) \text{m} \approx 281 \text{m}$$

13.5　X 射线的衍射

X 射线是伦琴于 1895 年发现的，又称为伦琴射线。图 13-17 是一种产生 X 射线的真空管。图中 G 为真空玻璃泡，其内密封着发射电子的热阴极 K 和钼、钨或铜等制成的阳极 A，也叫对阴极。当在 A、K 两极之间加上数万伏以上的高压时，阴极发射的电子流在强电场作用下加速，高速撞击阳极，从而产生出 X 射线。由于最初人们并不认识其本质，所以称之为 X 射线。

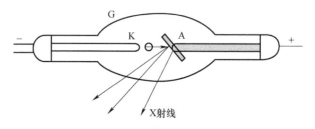

图 13-17　X 射线管

X 射线的穿透性很强，其本质和可见光一样，是一种波长极短的电磁波。既然 X 射线是一种电磁波，那么就应该有干涉和衍射现象。但是由于 X 射线的波长太短，用普通光栅根本观察不到其衍射现象。人们希望找到适用于 X 射线衍射的光栅。另一方面，由于 X 射线的波长与原子线度的数量级相当，因此，无法用机械方法制造出适用于 X 射线衍射的光栅。

1912 年，德国物理学家劳厄想到，如果晶体内的微粒（原子、离子或分子）是规则排列的，那么晶体可当作是 X 射线衍射的天然三维光栅。按这一设想，劳厄成功地进行了 X 射线衍射实验，其实验装置如图 13-18a 所示。一束 X 射线穿过铅板 BB′ 上的小孔，照射到薄片晶体 C 上，在晶片后面的感光胶片 E 上就出现了一定规则分布的斑点，这些斑点称为**劳厄斑**，如图 13-18b 所示。劳厄实验成功地证实了 X 射线的波动性，同时也证明了晶体内的微粒是规则排列的。通过对劳厄斑点位置和强度的研究，人们可以确定晶体中的原子排列，从而分析晶体结构。

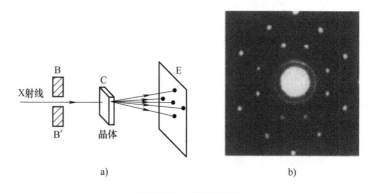

a)　　　　　　　　　　　　　　　b)

图 13-18　劳厄实验

　　1913 年，英国布拉格父子提出了另一种研究 X 射线的衍射方法。他们设想晶体是由一系列平行的原子层（称为晶面）构成的，各原子层（晶面）之间的距离称为**晶面间距**，用 d 表示，如图 13-19 所示。当射线照射晶体时，晶体中的每个原子就成为发射子波的波源，向各个方向发出衍射射线，称为**散射**。X 射线一部分被表面层原子所散射，其余部分被内部各原子层的原子所散射，在符合反射定律的方向上，可以得到强度最大的反射 X 射线。

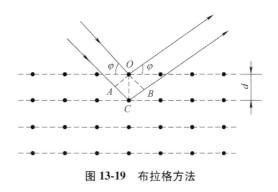

图 **13-19**　布拉格方法

　　设一束平行相干的 X 射线以掠射角 φ 入射，则相邻两原子层所发出的反射线的光程差为

$$\delta = AC + BC = 2d\sin\varphi$$

显然，当其符合条件

$$2d\sin\varphi = k\lambda, \quad k = 1, 2, 3, \cdots \tag{13-12}$$

时，各层晶面的散射射线相互加强，形成亮点。式（13-12）称为**布拉格公式**。

　　应用布拉格公式也可以解释劳厄实验。因为晶体中的原子是以空间点阵形式排列着，对于同一晶体，点阵中的原子可以形成许多取向、间距各不相同的平行晶面族。当 X 射线以一定方向入射晶体表面时，对于不同的平行晶面族，掠射角 φ 和晶面间距 d 各不相同。因此，从不同的平行晶面族散射出去的 X 射线，只有当 φ 和 d 满足布拉格公式时，才能相互加强而在照相底片上形成劳厄斑。

　　应用 X 射线的衍射，一方面，可由已知的晶体结构（即晶体的晶格常数已知）测定入射 X 射线的波长，从而进行 X 射线的光谱分析；另一方面，还可以利用已知波长的 X 射线确定晶体的结构，现已发展为一独立的物理学分支，称为 X 射线的晶体结构分析，它在结晶学和工程技术中都有着广泛的应用。

<h1 style="text-align:center">习　　题</h1>

　　13-1　在单缝夫琅禾费衍射实验中，波长为 λ 的单色光垂直入射在宽度 $b = 4\lambda$ 的单缝上，对应于衍射角为 30°的方向。求单缝处波阵面可以分成的半波带数目。

　　13-2　在单缝夫琅禾费衍射实验中，设中央明纹的衍射角范围很小，若使单缝宽度变为原来的 $\frac{3}{2}$，同时使入射单色光波长变为原来的 $\frac{3}{4}$，求观察屏上中央明纹宽度将变为原来的多少？

　　13-3　波长为 $\lambda = 550\text{nm}$ 的单色光垂直入射于光栅常数为 $2 \times 10^{-4}\text{cm}$ 的平面衍射光栅上，求可能观察到的光谱的最大级次。

13-4 平行单色光垂直入射于单缝上，观察夫琅禾费衍射时，若屏上 P 点处为第三级暗纹中心，求：（1）单缝处波阵面相应地可划分为几个半波带？（2）若将单缝宽度缩小一半，P 点处将是第几级什么条纹？

13-5 一平行光束垂直照射到一平面光栅上，则第三级光谱中波长为多少的谱线刚好与波长为 670nm 的第二级光谱线重叠？

13-6 在单缝夫琅禾费衍射实验中，垂直入射光中有两种波长 $\lambda_1 = 400$nm，$\lambda_2 = 700$nm，已知单缝宽度为 1.0×10^{-2}cm，透镜焦距为 1.0m。求：（1）求屏上这两种光第一级衍射明纹中心之间的距离；（2）若用光栅常数为 1.0×10^{-3}cm 的光栅代替单缝，其他条件不变，求屏上这两种光第一级主级大明纹之间的距离。

13-7 波长为 400nm 的单色光垂直入射在一光栅上，第三级明条纹出现在 $\sin\theta = 0.20$ 处，第四级缺级。求：（1）光栅常数；（2）光栅上狭缝可能的最小宽度；（3）在确定了光栅常数与缝宽之后，试列出在光屏上实际呈现的全部条纹的级数。

第 14 章

光的偏振

1809 年，马吕斯在实验中发现了光的偏振现象。由于只有横波才有偏振性，光的偏振有力地说明了光是横波，即光波中的光矢量的振动方向总是和光的传播方向垂直。在普通光源直接发出的光束中，由于光源中各个原子或分子各次发出的波列的光振动方向彼此不相关而随机分布，所以从统计的角度来讲，在垂直于光传播方向的平面上各方向振动的光矢量的振幅相同。但在许多情况下，在垂直于光的传播方向的平面内，光振动只在某一方向上有，或在某一方向上的振幅较大，这种情况叫光的偏振。很多光学仪器如偏振光显微镜、光测弹性仪等都是利用偏振光来工作，研究晶体的光学性质等也都要以偏振光的知识为基础。本章主要介绍有关光的偏振的一些现象和规律。

14.1 自然光和偏振光

14.1.1 自然光

光沿某一方向传播时，在垂直于传播方向的平面内，沿各方向上都具有振动的光矢量，平均来说，光矢量具有均匀的轴对称分布，其各方向的光振动的振幅都相同，这种光称为**自然光**，如图 14-1a 所示。普通光源发出的光就是自然光。

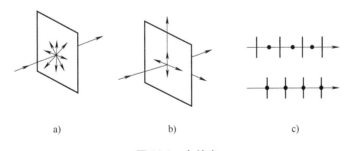

a)   b)   c)

图 14-1 自然光

由于自然光中，各光矢量之间没有固定的相位关系，可以把各个光矢量分解成互相垂直的两个光矢量，如图 14-1b 所示。一种更简单的表示自然光的方法如图 14-1c 所示，图中用短线和点分别表示光矢量在纸面内和垂直于纸面的振动分量。点和短线疏密相同表示两个方向上的分量强度相同，各占总强度的 1/2。

14.1.2 偏振光

1. 线偏振光

如果在垂直于光传播方向的平面内，光矢量只沿某一固定方向振动，这种光称为**线偏振光**，如图 14-2a 所示。线偏振光的光矢量方向和光的传播方向所构成的平面叫振动面。线偏振光的振动面是固定不动的，因此，线偏振光又称为**平面偏振光**。图 14-2b 是线偏振光的表示方法，图中短线表示光振动在纸面内，点表示光振动垂直于纸面。

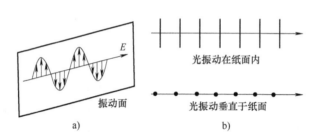

图 14-2　线偏振光

2. 部分偏振光

部分偏振光是介于自然光和线偏振光之间的一种偏振光。在垂直于光传播方向的平面内，各方向的光振动都有分量，但各方向的振幅不相等，如图 14-3a 所示。这种部分偏振光用数目不等的点和短线表示，如图 14-3b 所示。值得注意的是，这种偏振光的各方向振动的光矢量之间也没有固定的相位关系。与部分偏振光相对应，有时也称线偏振光为完全偏振光。

3. 圆偏振光和椭圆偏振光

圆偏振光和椭圆偏振光的特点，是在垂直于光传播方向的平面内，光矢量按一定频率旋转（左旋或右旋）。如果光矢量端点的轨迹是一个圆，这种光叫**圆偏振光**；如果光矢量端点的轨迹是一个椭圆，这种光叫**椭圆偏振光**，如图 14-4 所示。根据相互垂直的简谐振动的合成规律，圆偏振光和椭圆偏振光可以用两个相互垂直的有固定相位差的线偏振光合成获得。

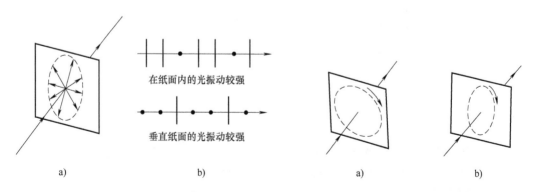

图 14-3　部分偏振光　　　　　图 14-4　圆偏振光和椭圆偏振光

14.2 起偏和检偏　马吕斯定律

14.2.1 起偏和检偏

从自然光中获得偏振光的过程称为**起偏**，产生起偏作用的光学元件称为起偏器。利用偏振片从自然光获取偏振光是最简便的方法。偏振片能对入射的自然光光矢量在某方向上的分量有强烈的吸收，而对与该方向垂直的分量吸收很少，因此，偏振片只能透过沿某个方向上的光矢量，或光矢量振动沿该方向上的分量。我们把这个透光方向称为偏振片的偏振化方向或透振方向。

如图 14-5 所示，将两个偏振片 P_1 和 P_2 平行放置，平行线表示它们的偏振化方向，自然光垂直入射偏振片 P_1，由于偏振片 P_1 的起偏作用，透过 P_1 的光将成为线偏振光，其振动方向平行于 P_1 的偏振化方向，强度 I_1 等于入射自然光强度 I_0 的 $1/2$。透过 P_1 的线偏振光再入射到 P_2 偏振片上，将 P_2 绕光的传播方向慢慢转动，可以看到透过 P_2 的光强将随 P_2 的转动而变化，例如由亮逐渐变暗，再由暗逐渐变亮，旋转一周时，

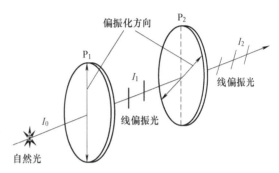

图 14-5　起偏和检偏

将出现两次最亮和两次最暗。并且，当两偏振片的偏振化方向平行时透过 P_2 的光强最强，为 $I_0/2$；当两者的偏振化方向相互垂直时光强最弱为零，称为消光。可见，偏振片 P_2 的作用是检验入射光是否是偏振光，称为**检偏**，偏振片 P_2 称为检偏器。

14.2.2 马吕斯定律

1809 年，马吕斯在研究线偏振光透过检偏器后透射光的光强时发现：如果入射线偏振光的光强为 I_1，则透射光的光强（不计检偏器对透射光的吸收）为

$$I_2 = I_1 \cos^2\alpha \tag{14-1}$$

式中，α 是检偏器的偏振化方向和入射线偏振光的光矢量振动方向之间的夹角。这就是**马吕斯定律**。

马吕斯定律可以证明如下。如图 14-6 所示，设 A_1 为入射线偏振光光矢量的振幅，检偏器 P_2 的偏振化方向如图所示，入射光矢量的振动方向与偏振化方向间的夹角为 α，将光矢量在偏振化方向的平行和垂直方向上投影，其振幅分别为 $A_1\cos\alpha$ 和 $A_1\sin\alpha$。因为只有平行于偏振化方向的分量可以透过偏振器，所以透射光的振幅 A_2 和光强 I_2 分别为

$$A_2 = A_1\cos\alpha$$
$$I_2 = I_1\cos^2\alpha$$

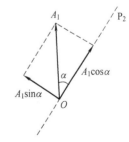

图 14-6　证明马吕斯定律用图

由上式可知，当 $\alpha=0°$ 或 $180°$ 时，即入射线偏振光光矢量方向与检偏振器的偏振化方向平行或反平行时，$I_2=I_1$，光强最强；当 $\alpha=90°$ 或 $270°$ 时，即入射线偏振光光矢量方向与检

偏振器的偏振化方向垂直时，$I_2 = 0$，光强最小，即没有光从检偏器透过。

例 14-1 用两偏振片平行放置作为起偏器和检偏器。在它们的偏振化方向成 30° 角时，观测一光源；又在成 60° 角时，观测同一位置处的另一光源，两次所得的光强相等。求两光源照到起偏器上的光强之比。

解： 令 I_1 和 I_2 分别为两光源照到起偏器上的光强。透过起偏器后，光的强度分别为 $\frac{1}{2}I_1$ 和 $\frac{1}{2}I_2$。按马吕斯定律，在先后观测两光源时，透过检偏器的光的强度是

$$I'_1 = \frac{1}{2}I_1 \cos^2 30°$$

$$I'_2 = \frac{1}{2}I_2 \cos^2 60°$$

由题意知 $I'_1 = I'_2$，即

$$\frac{1}{2}I_1 \cos^2 30° = \frac{1}{2}I_2 \cos^2 60°$$

所以

$$\frac{I_1}{I_2} = \frac{\cos^2 60°}{\cos^2 30°} = \frac{1}{3}$$

例 14-2 如图 14-7 所示，在两块正交偏振片（即偏振化方向互相垂直）P_1、P_3 之间，插入另一块偏振片 P_2，光强为 I_0 的自然光垂直入射于偏振片 P_1，求转动 P_2 时，透过 P_3 的光强 I 与转角的关系。

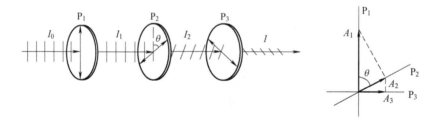

图 14-7　例 14-2 图

解： 透过各偏振片的光振幅矢量如图 14-7 所示，其中 θ 为 P_1 和 P_2 的偏振化方向间的夹角。由于各偏振片只允许和自己的偏振化方向相同的偏振光透过，所以透过各偏振片的光矢量振幅的关系为

$$A_2 = A_1 \cos\theta$$

$$A_3 = A_2 \cos\left(\frac{\pi}{2} - \theta\right) = A_2 \sin\theta$$

从而

$$A_3 = A_1 \cos\theta \sin\theta = \frac{1}{2}A_1 \sin 2\theta$$

$$I_3 = \frac{1}{4}I_1 \sin^2 2\theta = \frac{1}{8}I_0 \sin^2 2\theta$$

14.3　反射和折射时光的偏振

14.3.1　反射和折射引起的偏振

　　自然光在两种各向同性介质分界面上发生反射和折射时，不仅光的传播方向要改变，而且偏振状态也要发生变化。一般情况下，反射光和折射光不再是自然光，而是部分偏振光。在反射光中，垂直于入射面的光振动占优势；而在折射光中，则是平行于入射面的光振动占优势，如图 14-8 所示。

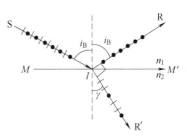

图 14-8　自然光反射和折射时的偏振现象

　　1815 年，布儒斯特发现，反射光中偏振化程度取决于入射角 i。当 $i=i_B$ 时，反射光将由部分偏振光变成线偏振光，其振动面与入射面垂直，平行于入射面振动的光已经完全不能反射，此时 i_0 满足如下关系：

$$\tan i_B = \frac{n_2}{n_1} = n_{21} \qquad (14-2)$$

这就是**布儒斯特定律**，i_B 称为**布儒斯特角**或**起偏角**。式中，n_{21} 是折射介质对入射介质的相对折射率，例如光线自空气射向玻璃而反射时，$n_{21}=1.50$，起偏角为 $i_B \approx 56°$。

　　另外，由折射定律有

$$\sin i_B = \frac{n_2}{n_1} \sin \gamma = n_{21} \sin \gamma$$

又由式（14-2）可得

$$\sin i_B = \tan i_B \sin \gamma$$

$$\sin \gamma = \frac{\sin i_B}{\tan i_B} = \cos i_B$$

即

$$i_B + \gamma = \frac{\pi}{2} \qquad (14-3)$$

　　这说明，当入射角为起偏角时，反射光线和折射光线是相互垂直的。

14.3.2　布儒斯特定律的应用

　　利用布儒斯特定律，可以很容易地利用玻璃片或玻璃片堆获得线偏振光。

　　原则上，将一束自然光以布儒斯特角入射到一片玻璃上，即可获得线偏振的反射光，但实际情况是经过一次反射、折射后，反射光光强很弱，这是由于对于单独的一个玻璃面来说，只能有一小部分（约占 8%）垂直于入射面振动的光被反射。为了获得较强的反射线偏振光，可以把玻璃片叠起来，让自然光连续通过许多玻璃片（通常称之为玻璃片堆），如图 14-9 所示。如此一来，入射光在各层玻璃面上经过多次的反射和折射，使得反射光中垂直于入射面的振动成分得到加强；同时折射光中的垂直于入射面的成分则不断减弱，偏振化程度也逐渐增加。玻璃片堆的玻璃片数越多，反射光越强，透射光的偏振化程度越高。当玻璃片足够多时，最后透射出来的折射光也可以看成是线偏振光了，其振动面就在折射面（即折射线和法线所组成的面）内，与反射光的振动面垂直。

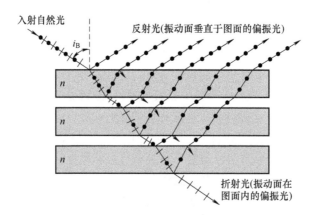

图 14-9　玻璃片堆产生的偏振光

根据布儒斯特定律，玻璃片或玻璃片堆也可以用作检偏器。另外，为了提高激光器的输出功率，一些激光器中也采用了布儒斯特角的装置。

1817 年，菲涅耳等人肯定了偏振现象和光具有横波性是有直接联系的。换言之，光波偏振化的实验事实，正说明了光具有横波性质。在麦克斯韦的电磁理论中，肯定了光是一种电磁波，也是一种横波，并且布儒斯特定律和下节将要讲到的双折射现象等都可以由电磁理论得到解释。

例 14-3　如图 14-10 所示，自然光入射到水面上，入射角为 i 时，使反射光成为线偏振光。如果有一块玻璃浸入水中，并且光由玻璃面反射使反射光也为线偏振光。试求水面与玻璃面之间的夹角。（$n_{玻} = 1.50$，$n_{水} = 1.33$）

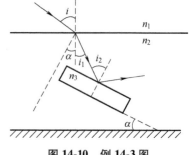

图 14-10　例 14-3 图

解：根据布儒斯特定律有

$$\tan i_{B} = \frac{n_2}{n_1} = n_{21}$$

根据题意，使 i 成为起偏角的条件为 $i + i_1 = 90°$，即 $i = 90° - i_1$。

由图可见，$i_2 = i_1 + \alpha$，α 即为所求的水面与玻璃面之间的夹角。

又根据折射定律有 $n_1 \sin i = n_2 \sin i_1$。可得

$$\sin i_1 = \frac{n_1}{n_2} \sin i = \frac{n_1}{n_2} \sin(90° - i_1) = \frac{n_1}{n_2} \cos i_1$$

$$\tan i_1 = \frac{n_1}{n_2} = \frac{1}{1.33}$$

所以 $i_1 = 36°56'$。

由题意，使 i_2 成为起偏角，根据布儒斯特定律有

$$\tan i_2 = \frac{n_3}{n_2} = \frac{1.50}{1.33}$$

$$i_2 = 48°26'$$

所以

$$\alpha = i_2 - i_1 = 48°26' - 36°56' = 11°30'$$

14.4 光的双折射

14.4.1 光的双折射现象

一束光由一种介质进入另一种介质时，在界面上发生的折射光通常只有一束。但是，如果把一块透明的方解石晶体（即碳酸钙 $CaCO_3$ 的天然晶体）放在有字的纸面上，可以看到晶体下的字呈现双像。这是因为一束光线进入方解石晶体后，分裂成两束光线，他们沿不同的方向折射，这种同一束光分裂成两束的现象称为**双折射**。这是由晶体的各向异性造成的。除立方系晶体（例如岩盐）外，当光线进入许多其他透明晶体（如石英）时，一般都将产生双折射现象。

1. 寻常光和非常光

如图 14-11 所示为光线在方解石晶体内的双折射。如果入射光束足够细，同时晶体足够厚，则透射出来的两束光线可以完全分开。实验指出，当改变入射角 i 时，两束折射光线中的一束恒遵守通常的折射定律，这束光线称为**寻常光**，简称为 **o 光**；另一束光线不遵守折射定律，它也不一定在入射面内，而且入射角 i 改变时，$\sin i / \sin \gamma$ 的量值也不是一个常量，这束光线通常称为**非常光**，简称 **e 光**，如图 14-12a 所示。在入射角 $i = 0$ 时，寻常光沿原方向前进，而非常光一般不沿原方向前进，如图 14-12b 所示。这时，如果使方解石晶体以入射光为轴旋转，将发现 o 光不动，而 e 光却随着绕轴旋转。值得注意的是，o 光和 e 光的定义仅仅在双折射晶体内部才有意义，射出晶体之后，就没有 o 光和 e 光之分了。

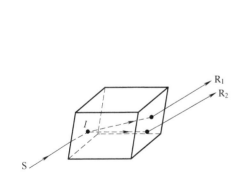

图 14-11 方解石的双折射

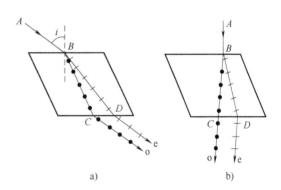

图 14-12 寻常光和非常光的光路图

2. 光轴和主平面

改变入射光的方向时，可以发现，在双折射晶体内存在一些特殊的方向，当光沿这些方向传播时，寻常光和非常光的传播速度相同，这些特殊方向称为晶体的**光轴**。

例如天然的方解石晶体，其光轴方向如图 14-13 所示。应该指出，光轴表示的是晶体内的一个方向，因此在晶体内，任何一条与上述光轴方向平行的直线都是光轴。晶体中仅具有一个光轴方向的称为**单轴晶体**（如方解石、石英等）。有些晶体具有两个光轴方向，称为

双轴晶体（如云母、硫黄等）。光通过双轴晶体时情况比较复杂，我们这里讨论的仅限于单轴晶体。

在晶体中，把包含光轴和任一已知光线所组成的平面称为晶体中该光线的**主平面**。由 o 光和光轴所组成的平面，就是 o 光的主平面；由 e 光和光轴所组成的平面，就是 e 光的主平面。

用检偏振器来观察时，可以发现：o 光和 e 光都是线偏振光，但它们的光矢量的振动方向不同。o 光的振动方向垂直于它所对应主平面；e 光的振动方向平行于它所对应的主平面。在一般情况下，对应于一给定的入射光来说，o 光和 e 光的主平面通常并不重合，但当光线沿光

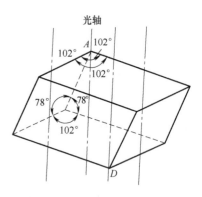

图 14-13　方解石晶体的光轴

轴和晶体表面法线所组成的平面（该平面称为晶体的**主截面**）入射时，这两个主平面是重合的，此时 o 光和 e 光振动方向垂直，但在大多数情况下，o 光和 e 光的主平面夹角很小，两者的振动面几乎是垂直的。

14.4.2　用惠更斯原理解释双折射现象

1. 光在晶体中的波面

1909 年，惠更斯首先用波面的概念解释了单轴晶体的双折射现象。实际上，在单轴晶体中，o 光和 e 光是以不同的速率传播的，o 光的速率在各个方向上是相同的，所以在晶体中任意一点所引起的子波波面是一球面；e 光的速率在各个方向上是不同的，在晶体中同一点所引起的子波波面是旋转椭球面。两束光只有在沿光轴方向上传播时速率才是相等的，在垂直于光轴的方向上，两束光的速率差最大。如图 14-14 所示，两束光的波面在光轴上相切，因此沿着光轴方向传播的光，无论振动方向如何，速率都相同，不发生双折射现象。

单轴晶体根据 o 光和 e 光波面的关系可分为两类：一类是旋转椭球面在球面之内，即 e 光的速率在除光轴外的任何方向上都比 o 光的小，如图 14-14a 所示，这类晶体称为**正晶体**，例如石英；另一类是椭球面包围球面，即 e 光的速率在除光轴外的任何方向上都比 o 光的大，如图 14-14b 所示，这类晶体称为**负晶体**，例如方解石。

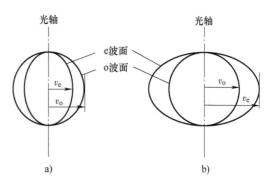

图 14-14　正晶体和负晶体的子波波振面
a）正晶体　b）负晶体

在单轴晶体中可以定义两个折射率。一个是 o 光的折射率 $n_o = c/v_o$，其中 c 是真空中的光速，v_o 是 o 光在晶体中的传播速率，由于 o 光各方向的速率相同，所以 o 光的折射率与方向无关。另一个是 e 光的折射率 n_e，由于 e 光各方向的传播速率不同，不存在普通意义上的折射率，通常把真空中的光速与 e 光沿垂直于光轴方向的传播速率 v_e 之比，称为 e 光的**主折射率**，即 $n_e = c/v_e$。n_o 和 n_e 是晶体的两个重要光学参量。对于正晶体，有 $n_o < n_e$；对于负晶体，有 $n_o > n_e$。

2. 光在晶体中的传播方向

应用惠更斯原理，通过作图法可以确定晶体中 o 光和 e 光的传播方向，从而可以说明双折射现象。下面以负单轴晶体为例对几种特殊情况进行说明。

（1）平面光波垂直入射晶体表面　首先考虑晶体的光轴在入射面内并与晶体表面斜交的情况。如图 14-15a 所示，当平面光波入射到晶体表面时，自任意两点 B 与 D，向晶体内分别作球形和椭球形两个子波波阵面，并使这两个子波波阵面相切于光轴上的 G 和 G′点。作 EE′和 FF′面分别与球面和椭球波阵面相切，此即为 o 光和 e 光在晶体中的波阵面。引 BE 和 BF 两线，就得到 o 光和 e 光在晶体中的传播方向。

如果晶体的光轴在入射面内并平行于晶体表面，仍按上述方法作图，如图 14-15b 所示。发现晶体中两光线仍沿原入射方向不变，但两束光的传播速率不同，这与不发生双折射的情况是完全不同的。

（2）平面光波倾斜入射晶体表面　考虑晶体的光轴在入射面内并与晶体表面斜交的情况。如果入射光不沿光轴方向入射，如图 14-15c 所示。设 AC 是平面入射光波的波阵面，由于当入射光波由 C 传到 D 点时，自 A 点已向晶体内发出了球形和椭球形的两个子波波阵面，且这两个子波波阵面相切于光轴上的 G 点。从 D 点画出两个分别与球面和椭球面相切的平面 DE 和 DF，此即为 o 光和 e 光的新波阵面。同前，引 AE 及 AF 两线，就得到 o 光和 e 光在晶体中的传播方向。如果入射光沿光轴方向入射，会出现 e 光与入射光在表面法线同一侧的情况，如图 14-15d 所示，可见 e 光很明显不遵守折射定律。

值得注意的是，如果晶体的光轴不在入射面内，o 光和 e 光波阵面的切点就不在入射面内了，因此，相应的 e 光也就不在入射面内了，此时 o 光和 e 光的主平面不再重合。

综上所述，利用惠更斯原理可以很好地解释单轴晶体的双折射现象。

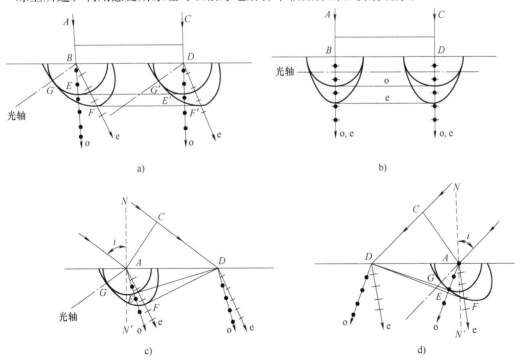

图 14-15　用作图法确定光线在晶体中的传播方向

14.4.3 晶体的偏振器件

天然方解石晶体的厚度有限，不可能把 o 光和 e 光分得很开，因此一般都采用人工复合棱镜，以获得线偏振光，常用的有尼科耳棱镜、沃拉斯特棱镜、洛匈棱镜等。

1. 尼科耳棱镜

尼科耳棱镜是将两块根据特殊要求加工的方解石棱镜，用加拿大树胶粘合成一体的长方柱形棱镜，其主截面内的光路如图 14-16 所示。

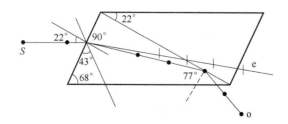

图 14-16　尼科耳棱镜主截面内的光路

自然光入射第一棱镜的端面后，分成 o 光和 e 光。由于所选用的树胶的折射率（$n = 1.55$）介于方解石对 o 光（$n_o = 1.658$）和 e 光（$n_e = 1.486$）的折射率之间。当 o 光由方解石以 $77°$ 角射到树胶上时，会发生全反射，反射后的 o 光光线被涂黑的侧面 CN 所吸收。而 e 光不发生全反射，大部分能量透过树胶层，并穿出第二棱镜射出，出射的偏振光的振动面，在棱镜的主截面内。这样，用尼科耳棱镜便可获得光振动在主截面上的偏振光。

2. 沃拉斯特棱镜和洛匈棱镜

沃拉斯特棱镜和洛匈棱镜都是由光轴相互垂直的两块方解石直角棱镜粘合而成的，如图 14-17 所示。它们的光路可用惠更斯原理作图得到。利用这两种棱镜可获得两束分得很开的线偏振光，它们是很好的偏振光分束元件。

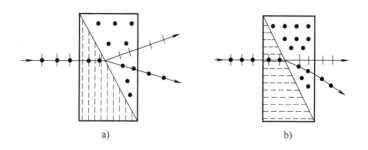

图 14-17　沃拉斯特棱镜和洛匈棱镜
a）沃拉斯特棱镜　b）洛匈棱镜

用天然晶体制造的偏振器，可以获得理想的偏振光，但尺寸不大，成本很高。

14.4.4　晶体的二向色性和偏振片

有一些晶体对相互垂直的两个光矢量分量具有选择吸收的性能，称为**二向色性**。例如在 1mm 厚的电气石晶体内，o 光几乎全部被吸收，如图 14-18 所示。利用二向色性也可以产生偏振光，这种器件称为**偏振片**。

　　最常用的偏振片是利用二向色性很强的细微晶体物质涂层制成的。由于偏振片的制造工艺简单，成本低，且面积可以做得很大，重量又轻，因此有很大的实用价值。在一般使用偏振光的检测试验中，常以偏振片作起偏和检偏。在实用上，为避免强光照耀刺眼，可使用偏振片制成眼镜。在陈列展品的橱窗布置中，可使用偏振片避免一些不必要的光线，或使用偏振光观察某些物品。

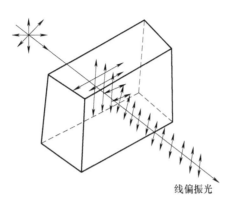

线偏振光

图 14-18　晶体的二向色性

14.5　偏振光的干涉

　　要想实现偏振光的干涉，必须获得振动方向相同、频率相同、有恒定相位差的两束线偏振相干光。下面先介绍如何获得有恒定相位差的两束偏振光。

14.5.1　椭圆偏振光和圆偏振光　波片

1. 椭圆偏振光和圆偏振光

　　如图 14-19 所示，P 是偏振片，C 是双折射晶片，光轴与晶面平行，设偏振片 P 的偏振化方向与晶片 C 的光轴之间的夹角为 α。

　　使自然光入射偏振片 P，由 P 出射的线偏振光垂直入射晶片 C 后，又被分解成振动面相互垂直的 o 光和 e 光。应注意到，由于光轴与晶面平行，分解出的 o 光和 e 光仍沿同一方向但以不同速率（对于正晶体，o 光传播得快，e 光传播得慢，对于负晶体则相反）传播。而晶片中 o 光和 e 光的振动方向及振幅矢量如图 14-20 所示，其中 MM' 表示偏振片 P 的偏振化方向，CC' 表示晶片的光轴方向，o 光和 e 光的振幅 A_o 和 A_e 分别为

$$A_o = A\sin\alpha, \ A_e = A\cos\alpha \tag{14-4}$$

　　由于来自同一偏振光的 o 光和 e 光在晶片 C 内传播速率不同，因此透过晶片 C 的两束光线应有一定的光程差。如果以 n_o 和 n_e 分别表示晶片 C 对这两束光的主折射率，d 表示晶片的厚度，λ 表示入射单色光的波长，那么 o 光和 e 光通过晶片 C 所产生的相位差为

$$\Delta\varphi = \frac{2\pi}{\lambda}d(n_o - n_e) \tag{14-5}$$

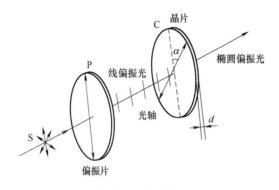

图 14-19　椭圆偏振

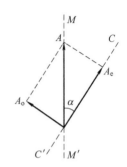

图 14-20　入射偏振光在晶片中
分解后的偏振方向和振幅

因此，透过晶片 C 的光线是两束振动方向相互垂直、有一定相位差的光束的合成光线。合成光的振动方向取决于相位差。根据两个相互垂直的简谐振动的合成结果可得：

（1）如果 $\Delta\varphi = k\pi$（k 为整数），那么合成光仍为线偏振光。

（2）如果 $\Delta\varphi \neq k\pi$，那么合成光光矢量的端点将描出椭圆轨迹，这样的光即为椭圆偏振光。

（3）如果 $\Delta\varphi = \pi/2$ 或 $3\pi/2$，并且使 $A_o = A_e$（此时，α 应为 $\pi/4$，即晶片的光轴方向应与起偏振片的偏振化方向成 45° 角），那么合成后光矢量的端点将描出圆形轨迹，这样的光即为圆偏振光。

2. 四分之一波片和半波片

根据式（14-5），为了使 $\Delta\varphi = \pi/2$，晶片的最小厚度应满足

$$\Delta\varphi = \frac{2\pi}{\lambda}d(n_o - n_e) = \pi/2$$

由此得出

$$\delta = d(n_o - n_e) = \frac{\lambda}{4} \quad 或 \quad d = \frac{\lambda}{4(n_o - n_e)} \tag{14-6}$$

也就是说，如果选择晶片的厚度，使得 o 光和 e 光的相位差 $\Delta\varphi = \pi/2$，可使 o 光和 e 光的光程差为 $\delta = \lambda/4$。这样的晶片简称为四分之一波片。线偏振光通过四分之一波片后，o 光和 e 光的相位差 $\Delta\varphi = \pi/2$，所以从四分之一波片透射出来的光是椭圆偏振光。如果入射光的振动方向与晶片光轴的夹角 $\alpha = 45°$，则从四分之一波片透射出来的光是圆偏振光。应该注意，四分之一波长是对给定的波长而言的，对其他波长并不适合。

除四分之一波片之外，还有二分之一波片（或半波片），这种波片可使 o 光和 e 光的光程差为 $\lambda/2$，与之相应的相位差为 π。线偏振光垂直入射到半波片后，透射出来的光为线偏振光。

14.5.2　偏振光的干涉规律

如上所述，从起偏器得到的线偏振光经过晶片后成为两束相互之间有恒定相位差、而振动方向相互垂直的偏振光。如果再设法将它们的光振动引到同一方向，就满足相干光的三个

必要条件而发生相干现象了。

如图 14-21 所示，在晶片 C 后插入偏振片 P_2，并使偏振片 P_2 与偏振片 P_1 的偏振化方向垂直。这样，透过晶片的两束光，在通过偏振片 P_2 时，只有和 P_2 的偏振化方向平行的分振动可以透过，而且所透过的两分振动的振动方向相反，A_{2e} 和 A_{2o} 的量值分别为 A_e 和 A_o 在 P_2P_2' 方向上的分量，如图 14-22 所示，即

$$A_{2e} = A_e \cos\beta$$

$$A_{2o} = A_o \cos\beta$$

式中，β 是偏振片 P_2 的偏振化方向和晶片的光轴 CC' 之间的夹角。因偏振片 P_2 与偏振片 P_1 的偏振化方向垂直，有 $\alpha+\beta = \dfrac{\pi}{2}$，所以

$$A_{2e} = A_1 \cos\alpha\cos\beta = A_1 \sin\alpha\cos\alpha$$

$$A_{2o} = A_1 \sin\alpha\sin\beta = A_1 \sin\alpha\cos\alpha$$

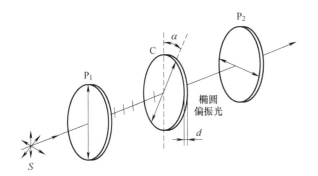

图 14-21 偏振光的干涉

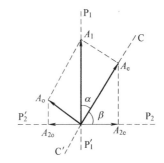

图 14-22 两束相干偏振光的振幅的确定

又由于经过偏振片 P_2 后，两束光相位相反，所以除与晶片厚度有关的相位差 $\dfrac{2\pi}{\lambda}d(n_o - n_e)$ 外，还有一附加的相位差 π。因此总相位差等于

$$\Delta\varphi' = \frac{2\pi}{\lambda}d(n_o - n_e) + \pi \tag{14-7}$$

由此，透过 P_2 的两束光振动方向相同、振幅相等，有恒定相位差，满足相干条件，其干涉明暗的条件如下：

（1）当 $\Delta\varphi' = 2k\pi$ 或 $(n_o - n_e)d = (2k-1)\dfrac{\lambda}{2}$ （其中 $k = 1, 2, 3, \cdots$）时，干涉加强，视场最明亮；

（2）当 $\Delta\varphi' = (2k+1)\pi$ 或 $(n_o - n_e)d = k\lambda$ （其中 $k = 1, 2, 3, \cdots$）时，干涉减弱，视场最暗。

如果所用的是白光光源，对各种波长的光来讲，干涉加强和干涉减弱的条件也各不相同。当正交偏振片之间的晶片厚度一定时，视场将出现一定的色彩，这种现象称为色偏振。

14.6 人为双折射现象和旋光现象简介

14.6.1 人为双折射

一些在自然状态下，各向同性的透明介质，如玻璃、塑料、赛璐珞等，当内部存在着应力或处于电场、外磁场中时，会变为光学上的各向异性的介质，而显示出具有双折射的性质。这样的双折射现象称为**人为双折射**。下面对光弹性效应和电光效应做一简单介绍。

1. 光弹性效应

观察应变下的双折射现象的装置示意图如图 14-23 所示。图中 P_1、P_2 为两相互正交的偏振片，E 是非晶体，S 为单色光源。当 E 受 OO' 方向的机械力 F 的压缩或拉伸时，E 的光学性质就和以 OO' 为光轴的单轴晶体相仿。因此，如果 P_1 的偏振化方向与 OO' 成 45°，则线偏振光垂直入射到 E 时，就分解成振幅相等的 o 光和 e 光，两光线的传播方向一致，但速率不同，即折射率不同。设 n_o 和 n_e 分别为 o 光和 e 光的折射率，实验表明，在一定的应力范围内，(n_o-n_e) 与应力 $p=F/S$ 成正比，即

$$(n_o-n_e)=kp$$

式中，k 是非晶体 E 的应力光学系数，视材料的性质而定。

o 光和 e 光穿过偏振片 P_2 后，将进行干涉。如果样品各处应力不同，将出现干涉条纹，应力变化大的地方，条纹密；应力变化小的地方，条纹疏。由于这种特性，在工业上，可以制成各种零件的透明模型，然后在外力的作用下观测和分析这些干涉的色彩和条纹的形状，从而判断模型内部的受力情况。这种方法称为**光弹性方法**。图 14-24 是对由透明的环氧树脂制成的模拟吊钩施加作用力后所产生的干涉图样照片。图中的黑色条纹表示有应力存在，条纹越密的地方表示应力越集中。

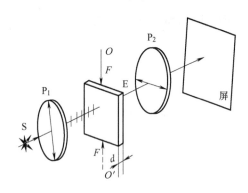

图 14-23 观察应变下的双折射现象

图 14-24 光弹性干涉图样

光弹性效应是研究大型建筑结构、机器零部件在工作状态下内部应力分布和变化的有效方法。由于此方法具有比较可靠、经济和迅速的优点，而且还可以通过模拟的方法显现出试件或样品全部干涉图像的直观效果，因此在工程技术上得到了广泛应用，成为光弹性学的基础。

2. 电光效应

在强大电场的作用下，有些非晶体或液体的分子会做定向排列，因此获得各向异性的特征而显示出双折射现象。这一现象是克尔首次发现的，因此称为**克尔效应**。如图 14-25 所示，容器中盛有非晶体或液体（如硝基苯），放在两相互正交的偏振片之间，C 与 C′是电容器的两极板。当电源未接通时，视场是暗的；接通电源后，视场由暗转明，这说明在电场作用下，非晶体变成双折射体。

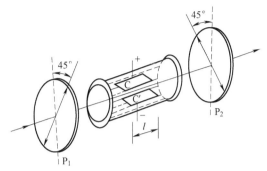

图 14-25 克尔效应

利用克尔效应可以做成光的断续器（光开关），这种断续器的优点在于几乎没有惯性，即效应的建立与消失所需时间极短（约 10^{-9}s），因而可使光强的变化非常迅速，这些断续器现在已经广泛应用于高速摄影、测距以及激光通信等装置中。

此外还有一种非常重要的电光效应，称为**泡克尔斯效应**，其中最典型的是由 KDP 晶体（KH_2PO_4）和 ADP 晶体（$NH_4H_2PO_4$）所产生的。这些晶体在自由状态下是单轴晶体，但在电场作用下变成双轴晶体，沿原来光轴方向产生双折射效应。利用晶体制成的泡克尔斯盒，已经被用作超高速快门、激光器的 Q 开关，也被用到数据处理和显示技术等电光系统中。

14.6.2 旋光现象

1811 年，阿拉果发现，当线偏振光通过某些透明物质时，它的振动面将以光的传播方向为轴线旋转一定的角度，这种现象称为**旋光现象**。能使振动面旋转的物质称为旋光物质，如石英、食糖溶液、酒石酸溶液等都是旋光物质。

观察旋光现象的装置如图 14-26 所示。先取偏振片 P_1、P_2，使其偏振化方向垂直放置，此时视场为黑；将旋光物质 C（如光轴沿传播方向的石英）放在 P_1、P_2 之间时，将会看到视场由原来的黑暗变为明亮；再将偏振片 P_2 绕光的传播方向旋转某一角度后，视场又由明亮变为黑暗。这说明线偏振光透过旋光物质后仍是线偏振光，但振动面转过了一个角度 θ，该角度即是偏振片 P_2 转过的角度。

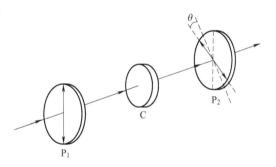

图 14-26 观察旋光现象的装置简图

实验结果表明：

（1）不同的旋光物质可以使线偏振光的振动面向不同的方向旋转。面对光源观察，使振动面向右（顺时针）旋转的物质称为**右旋物质**；使振动面向左（逆时针）旋转的物质称为**左旋物质**。如石英晶体由于结晶形态的不同，具有左旋和右旋两种类型。

（2）振动面的旋转角度不仅与入射光波长有关，还与光在该物质中通过的路程长度 d 有关。如红光通过 1mm 的石英片产生的旋转角为 8°，钠黄光为 21.7°，紫光为 51°。因此，白光通过旋光物质时，不同色光的振动面分散在不同的平面内，这种现象叫作**旋光色散**。

（3）对于有旋光性的溶液，旋转角还与溶液中旋光物质的浓度成正比。在制糖工业中，测定糖溶液浓度的糖量计就是根据糖溶液的旋光性而设计的一种仪器。除糖溶液外，许多有机物质（特别是药物）的溶液也具有旋光性，分析和研究液体的旋光性也需要利用糖量计，所以通常把这种分析方法叫作"量糖术"，在化学、制药等工业中都有广泛的应用。

另外，若在石英片上加以电压，则振动面的旋转角度还与电压成正比，利用这一关系还可实现光强的电调制。应用这种原理制作的高速摄影机的快门，其开关时间可小于 10^{-4} s，并可连续动作，且无声音和振动，能很好地适应高速摄影的需要。

习　题

14-1　两个偏振片叠在一起，它们的偏振化方向之间夹角为 60°。一束强度为 I_0 的光由强度相等的线偏振光和自然光混合而成，垂直入射在偏振片上，且线偏振光的光矢量方向与两个偏振片的偏振化方向皆成 30°角，求透过每个偏振片后的光束强度。

14-2　如图 14-27 所示，线偏振光分别以布儒斯特角 i_B 或任意角 $i(i \neq i_B)$ 从空气射向一透明介质表面时，试在图上画出反射光与折射光的振动方向。

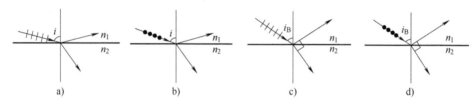

图 14-27　习题 14-2 图

14-3　一束自然光斜入射至折射率为 n 的玻璃板上，反射光为哪种偏振光？折射光为哪种偏振光？当入射角是什么角时，反射光为完全偏振光，其光振动方向是什么？

14-4　用相互平行的一束自然光和一束线偏振光构成的混合光垂直照射在一偏振片上，以光的传播方向为轴旋转偏振片时，发现透射光强的最大值为最小值的 7 倍，则入射光中自然光光强 I_0 与线偏振光光强 I 之比为多少？

14-5　自然光射在某玻璃上，当折射角为 30°时，反射光是完全偏振光，则玻璃折射率为多少？

14-6　一束光强为 I_0 的自然光垂直穿过两个偏振片，且此两偏振片的偏振化方向成 45°角，则穿过两个偏振片后的光强为多少？

14-7　三块偏振片 P_1、P_2、P_3 平行放置，如图 14-28 所示，P_1 的偏振化方向和 P_3 的偏振化方向互相垂直，一束光强为 I_0 的平行单色自然光垂直地射到偏振片 P_1 上，当旋转偏振片 P_2 时（保持其平面方向不变），通过偏振片 P_3 的最大光强度为多少？

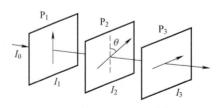

图 14-28　习题 14-7 图

第 15 章

相对论

1905 年，爱因斯坦在德国《物理学年鉴》上发表了《论动体的电动力学》一文，标志着相对论的诞生。相对论是 20 世纪物理学最重大的成就之一，它的诞生是源于人们对电磁场理论的进一步探索。1904 年—1905 年，爱因斯坦在洛伦兹、菲佐等人研究的基础上，进一步探索麦克斯韦电磁理论和洛伦兹电动力学方程的一致性时，提出了光速不变原理和相对性原理，从而建立了相对论。这一理论通常被称为狭义相对论。在狭义相对论中，用少量简单的数学建立起来的相对理论打破了旧的经典时空观，建立起新的相对论时空观，并在此基础上给出了高速运动物体的力学规律。狭义相对论直接或间接地得到了大量实验事实的支持，它主要应用于基本粒子、原子能及宇宙星体的研究领域，乃是迄今已被证实的一门成功的物理学理论。

1916 年前后，爱因斯坦和格罗斯曼等人又进一步地发展了狭义相对论，提出了广义相对论，广义相对论主要应用于宇宙学的研究。狭义相对论和广义相对论统称为相对论。

本章将扼要地介绍狭义相对论最基本的思想。

15.1 伽利略变换 经典力学的相对性原理

15.1.1 伽利略变换

在经典力学中，当描述物体的运动时，首先要选取一个参考系。一般地讲，在不同的参考系中，对于同一物体运动规律的描述是不相同的，但这两种不同的描述之间又有一定的联系，两者并非彼此独立。

考虑一个惯性参考系（简称惯性系）S' 相对于另一惯性系 S 做匀速直线运动，在 S' 系上取 $O'x'y'z'$，在 S 系上取坐标系 $Oxyz$。为方便起见，设各对应坐标轴互相平行，S' 系相对于 S 系以速度 v 沿 x 轴方向运动，如图 15-1 所示。

以 O' 和 O 重合的时刻作为计时起点（在本章中凡提到 S 系和 S' 系就有上述关系），则同一质点 P 在 S 系和 S' 系内的坐标有如下对应关系：

$$\begin{cases} x' = x - vt \\ y' = y \\ z' = z \end{cases} \tag{15-1a}$$

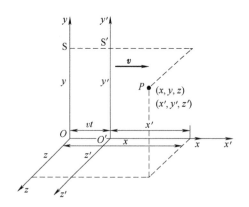

图 15-1 相互做匀速直线运动的两个惯性坐标系

$$\begin{cases} x = x' + vt \\ y = y' \\ z = z' \end{cases} \tag{15-1b}$$

这是经典的伽利略坐标变换公式，它集中地反映了经典的时空观，这个观点是建立在空间距离和时间间隔绝对性的基础上的。

15.1.2 经典力学的相对性原理

将式（15-1a）对时间取导数，就得到了经典的速度变换关系，称为伽利略变换式，即

$$\begin{cases} u'_x = u_x - v \\ u'_y = u_y \\ u'_z = u_z \end{cases} \tag{15-2}$$

再将式（15-2）对时间取导数，就得到了经典的加速度变换关系，即

$$\begin{cases} a'_x = a_x \\ a'_y = a_y \\ a'_z = a_z \end{cases} \tag{15-3}$$

式（15-3）表明，在不同惯性系中，质点的加速度是相同的。

经典力学认为，物体的质量与参考系无关。由式（15-3）可知，在相互间做匀速直线运动的不同惯性系内，牛顿第二定律的形式是相同的，即

$$\begin{cases} F'_x = F_x = ma_x \\ F'_y = F_y = ma_y \\ F'_z = F_z = ma_z \end{cases} \tag{15-4}$$

或
$$F' = F = ma$$

可见，即使质点的速度、动量和能量在不同的惯性系中是不同的，加速度、质量和力在不同的惯性系内也是相同的，牛顿运动定律在一切惯性系内是完全相同的。由于力学中各种守恒定律都可以由牛顿第二定律推得，因而得到力学的相对性原理——力学定律在一切惯性系内是相同的，并不存在一个比其他惯性系更为优越的惯性系。在一个惯性系内部所做的任

何力学实验，均不能确定这个惯性系本身是处于静止状态还是做匀速直线运动。力学的相对性原理亦称伽利略相对性原理。

15.1.3　经典时空观

设惯性系 S 及 S′ 的原点 O 与 O′ 重合的时刻为时间的起点，即 $t'_0 = t_0 = 0$，根据式（15-1），由于 $t' = t$，$\Delta t' = t' - t'_0$，$\Delta t = t - t_0$，有 $\Delta t' = \Delta t$，此式表明，在任何两个惯性系 S 和 S′ 中的时钟校准以后，两惯性系中的时钟所显示的时间总是一致的，即它们所测出的同一事件所经历的时间间隔是相同的。因此，在一切惯性系中，时间的量度是一致的，即在经典力学中，时间是绝对的。如此，在 S 惯性系中同时发生的两个事件 $\Delta t = 0$，则在 S′ 惯性系中，$\Delta t' = \Delta t = 0$，说明两个事件也是同时发生的，即在经典力学中，"同时"也是绝对的，不因惯性系而变。

如果在惯性系 S 中同时测一直杆两端点的空间坐标为 (x_1, y_1, z_1) 及 (x_2, y_2, z_2)，而在惯性系 S′ 中同时测该直杆两端点的空间坐标为 (x'_1, y'_1, z'_1) 和 (x'_2, y'_2, z'_2)。设该直杆在惯性系 S 及 S′ 中的长度分别为 L 和 L′，即

$$L = \sqrt{(x_2 - x_1)^2 + (y_2 - y_1)^2 + (z_2 - z_1)^2}$$
$$L' = \sqrt{(x'_2 - x'_1)^2 + (y'_2 - y'_1)^2 + (z'_2 - z'_1)^2}$$

由式（15-1）可知 $L = L'$。可见，在经典力学中，在不同惯性系中的同一物体，它们的长度是相同的，即长度是绝对的，与惯性系的选取无关。

在经典力学中，把随惯性系而变的量看成是"相对"的，把不随惯性系而变的量看成是"绝对"的，则物体的坐标、速度和动量等是相对的，同一地点也是相对的；而时间、质量、长度则是绝对的，同时性也是绝对的。这便是经典时空观，或称绝对时空观。

经典时空观基于这样的哲学思想——空间只是物质运动所占据的区域，该区域独立于任何物质之外，是无限大的、永恒不变的、绝对静止的。因此，空间距离的量度就应该与参考系无关，是绝对不变的。另外，时间也是与物质及物质的运动无关的，永恒地、均匀地流逝着。因此，对于不同的参考系，用以计量时间的标准是相同的。因此导致了时间的绝对性及同时的绝对性。随着人们认识的发展，经典的时空观逐渐地暴露出了它的局限性。相对论的建立否定了这种绝对的时空理论，建立了新的时空理论——相对论时空观。

15.1.4　迈克耳孙-莫雷实验

伽利略相对性原理确定了所有惯性系在力学规律上的等价性。那么，除了力学规律之外的其他诸如电磁学等物理定律在伽利略变换下是不是对于所有惯性系也都等价呢？

1864 年麦克斯韦提出磁场理论时，曾预言了电磁波的存在，同时指出光就是一种电磁波，它在真空中以 $3 \times 10^8 \mathrm{m \cdot s^{-1}}$ 的速度传播。1887 年赫兹在实验中证实了电磁波的存在，这种传播电磁波的弹性介质是绝对静止的，被称为"以太"，"以太"充满整个宇宙空间，即便是真空也不例外，因而可以用"以太"来作为绝对参考系。任何一个物体都应当有相对这一绝对静止参考系的"绝对运动"。

根据"以太"假说，由于地球是在运动着的，如果能用某种方法测出地球相对于"以太"的速度，那么，作为绝对参考系的"以太"也就被确定了。历史上，曾有许多物理学

家做过探测地球在"以太"中运动速度的实验。迈克耳孙探测地球在以太中运动速度的实验，以及后来迈克耳孙和莫雷在 1887 年所做的更为精确的探测地球在以太中运动速度的实验是最具代表性的。

迈克耳孙-莫雷实验结果表明，光速在各个方向是一不变的常量，这明显与伽利略变换相矛盾，说明"以太"这种绝对坐标系是不可取的。然而，当时很多物理学家为了从经典力学角度解释迈克耳孙-莫雷实验的结果，同时又保留了"以太"参考系的概念，曾提出了许多理论和假说，其中"以太拖曳理论"在保留"以太"概念的基础上解释了迈克耳孙-莫雷实验的结果，但却与光行差现象相矛盾。另外，爱尔兰物理学家斐兹杰惹和荷兰物理学家洛伦兹于 1889 年和 1882 年分别独立提出了所谓收缩假说，但都没有能够给出令人满意的结果。

1905 年，年轻的爱因斯坦以崭新的时空观，研究了电磁理论以及电磁波在真空中传播的独特性质，提出了相对性原理和光速不变假说，创立了狭义相对论。爱因斯坦创立狭义相对论乃是由于他深信物体在磁场中运动所感应的电动力实际上是一种电场，同时也受到了菲佐的流水中光速实验及光行差现象的启发。

另外，迈克耳孙-莫雷实验在狭义相对论的创立过程中也具有重要的意义，虽然根据这个实验事实并不能直接得到相对论，但没有这个实验，相对论就缺少了一个强有力的实验基础。

15.2 狭义相对论的基本假设 洛伦兹变换

15.2.1 狭义相对论的基本假设

爱因斯坦于 1905 年提出的狭义相对论是建立在两个基本的假设之上的，这两个基本假设是光速不变原理和相对性原理。

1. 光速不变原理

真空中的光速与光源或接收器的运动无关，在各个方向上都等于一个常量 c。目前，光速的精确测量值为 $c = (2.99792458 \pm 0.00000001) \times 10^8 \mathrm{m \cdot s^{-1}}$，通常取近似值 $c = 3 \times 10^8 \mathrm{m \cdot s^{-1}}$。也就是说，在相对于光源做匀速直线运动的一切惯性参考系中，所测得的真空中的光速都是相同的。

2. 相对性原理

狭义相对论的两个基本假设构成了狭义相对论的基础，并为一些重要的实验事实所证明。从这两个原理出发，可以推出狭义相对论的全部内容，承认了这两个基本假设，必将引起时空观念的新变革，这种新变革就意味着要对经典的时空理论进行修改，即修改经典的伽利略变换，寻求更合适、更准确的相对论变换公式。

15.2.2 洛伦兹变换

实验结果表明，经典的伽利略变换已不再适用于高速运动，同时，狭义相对论的两个基本假设又彻底否定了经典的时空理论，那么新的时空理论如何？而满足狭义相对论的两个基本假设的新的时空变换形式又将如何？

1. 狭义相对论的时空变换式

需要明确指出，这一新的变换式必须满足一些合理的要求：①因为时空是均匀的，因而惯性参考系间的时空变换必须是线性的；②由于伽利略变换在低速情况下是成立的，所以新的时空变换式在低速情况下必须能够转化为伽利略变换式；③新的时空变换中必须能够体现光速 c 为一常量的思想；④新的时空变换对于不同的惯性系应该定位等价，无优越权，符合相对性原理的要求。

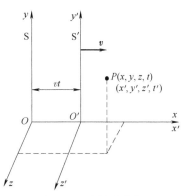

图 15-2 洛伦兹变换

如图 15-2 所示，惯性系惯性系 S′相对于惯性系 S 沿 x 轴方向以速度 v 做匀速直线运动，位于 S 系和 S′系上的两个笛卡儿坐标系 $Oxyz$ 和 $O'x'y'z'$ 的三个对应坐标轴永远平行。则可推导出洛伦兹变换式（推导过程略）。

从 S 系的时空坐标导出 S′系的时空坐标，有

$$
\begin{cases}
x' = \dfrac{x-vt}{\sqrt{1-v^2/c^2}} \\[2mm]
y' = y \\[1mm]
z' = z \\[2mm]
t' = \dfrac{t-\dfrac{v}{c^2}x}{\sqrt{1-v^2/c^2}}
\end{cases}
\tag{15-5}
$$

从 S′系的时空坐标导出 S 系的时空坐标，有

$$
\begin{cases}
x = \dfrac{x'+vt}{\sqrt{1-v^2/c^2}} \\[2mm]
y = y' \\[1mm]
z = z' \\[2mm]
t = \dfrac{t'+\dfrac{v}{c^2}x'}{\sqrt{1-v^2/c^2}}
\end{cases}
\tag{15-6}
$$

式（15-5）及式（15-6）即狭义相对论的时空变换式——洛伦兹变换。

实际上，在狭义相对论建立以前，洛伦兹在研究电子论时就已提出了这组公式，因此我们今天仍然把这一适用于相对论的时空变换公式称为洛伦兹变换。但是，当时洛伦兹并没有意识到这个变换公式在时空观念上变革性的意义。相对论指出，自然界的任何法则，如果应用洛伦兹变换式，则对于任何惯性系来说都是不变的。这就是狭义相对论的基础之一的相对性原理。

从式（15-5）和式（15-6）可以看出，当 $v \ll c$ 时，$\gamma = (1-v^2/c^2)^{-1/2}$ 趋近于 1，则洛伦兹变换式又变成了伽利略变换式，这说明经典的牛顿力学是相对论力学的一个极限情形，只有当这个物体的运动速度远小于光速时，经典的牛顿力学才是正确的。由于日常所遇到的现象中，物体的速度大都是比光速小得多，所以牛顿定律仍能准确地应用。如果 $v>c$，则 γ 变为

虚数，此时洛伦兹变换失去了意义，所以，物体的运动速度不能超过真空中的光速。特别需要着重指出的是，式（15-5）和式（15-6）两组时空坐标 (x, y, z, t) 及 (x', y', z', t') 是对于同一物理事件而言的。

2. 狭义相对论的速度变换式

利用洛伦兹变换可以得到狭义相对论的速度变换关系。

设一质点在 S 系中以 $\boldsymbol{u}(u_x, u_y, u_z)$ 的速度运动，而从 S′ 系来看，其速度为 $\boldsymbol{u}'(u_x', u_y', u_z')$。则从 S′ 系的速度导出 S 系的速度为

$$\begin{cases} u_x = \dfrac{u_x' + v}{1 + \dfrac{v}{c^2} u_x'} \\[4mm] u_y = \dfrac{u_y' \sqrt{1 - v^2/c^2}}{1 + \dfrac{v}{c^2} u_x'} \\[4mm] u_z = \dfrac{u_z' \sqrt{1 - v^2/c^2}}{1 + \dfrac{v}{c^2} u_x'} \end{cases} \quad (15\text{-}7a)$$

同理从 S 系的速度导出 S′ 系的速度为

$$\begin{cases} u_x' = \dfrac{u_x - v}{1 - \dfrac{v}{c^2} u_x} \\[4mm] u_y' = \dfrac{u_y \sqrt{1 - v^2/c^2}}{1 - \dfrac{v}{c^2} u_x} \\[4mm] u_z' = \dfrac{u_z \sqrt{1 - v^2/c^2}}{1 - \dfrac{v}{c^2} u_x} \end{cases} \quad (15\text{-}7b)$$

式（15-7a）及式（15-7b）即狭义相对论的速度变换式，通常又称为**爱因斯坦速度变换式**。

当 $v \ll c$ 时，式（15-7a）及式（15-7b）即转化为经典的**伽利略速度变换式**。若 $u_x' = c$ 则必有 $u_x = c$，$u_y = u_z = 0$，即在任何一个惯性系中，任何一质点的速度不会超过光速。

15.3 狭义相对论的时空观

15.3.1 同时的相对性

在经典力学中，根据伽利略变换可以很容易地看出，对于不同惯性参考系中的两个事件，如果在一个惯性参考系中是同时发生的，不论同地与否，则在另一个参考系中也一定是同时发生的，它是经典力学中时间绝对性的体现，而与空间无关。然而，根据狭义相对论，如果在某一惯性参考系 S 中有两个事件在同一地点同时发生，或在不同地点同时发生，那么

在另一惯性参考系 S′中观察，它们是不是同时发生的呢？下面应用洛伦兹变换来研究这一问题。

设在惯性参考系 S 中发生了两个事件，他们发生的时刻分别是 t_1 和 t_2，发生的地点分别是 x_1 和 x_2（y、z 坐标相同）。在另一惯性参考系 S′中观察，对应的时刻分别是 t_1' 和 t_2'，对应的坐标分别是 x_1' 和 x_2'（y'、z'坐标相同）。

如果在惯性参考系 S 中，两个时间发生在同一地点，即 $x_1 = x_2$，又发生于同一时刻，即 $t_1 = t_2$，则由洛伦兹变换式（15-5）可知：$x_1' = x_2'$，$t_1' = t_2'$。这表明这两个事件在另一惯性参考系 S′中（即在任一惯性参考系中）也是在同一地点，并且是同时发生的。

如果在惯性参考系 S 中两个事件是在不同地点同时发生的，即 $x_1 \neq x_2$（y、z 坐标相同），$t_1 = t_2$，则由洛伦兹变换式（15-5）可得

$$\begin{cases} x_1' = \dfrac{x_1 - vt_1}{\sqrt{1 - v^2/c^2}}, x_2' = \dfrac{x_2 - vt_2}{\sqrt{1 - v^2/c^2}} \\[4mm] t_1' = \dfrac{t_1 - \dfrac{v}{c^2}x_1}{\sqrt{1 - v^2/c^2}}, t_2' = \dfrac{t_2 - \dfrac{v}{c^2}x_2}{\sqrt{1 - v^2/c^2}} \end{cases} \tag{15-8}$$

式中，v 为惯性参考系 S′相对于惯性参考系 S 运动的速度。因为 $x_1 \neq x_2$，$t_1 = t_2$，所以

$$x_1' \neq x_2', t_1' \neq t_2' \tag{15-9}$$

式（15-9）表明，在惯性参考系 S 中不同地点同时发生的两个事件，在惯性参考系 S′中（即在除 S 系以外的任一惯性参考系中），不仅在不同地点，而且在不同时刻发生。因此，在一个惯性参考系中不同地点同时发生的事件，根据狭义相对论，在其他一切惯性参考系中来看，将不再是同时发生的。这就是"同时"的相对性。

例如，设想一列匀速行驶的火车，速度很大，车厢很长。当地面的观察者见到车的首尾两点 A'、B' 与地面上 A、B 两点重合时，车上中点处 C' 与 AB 的中点 C 重合，如图 15-3a 所示。正在这时，若自 A、B 两点发出光信号，地面上 C 点处的观察者见到光信号从 A、B 两点是同时发出的。现在要问，车上 C' 点处的观察者所见的光信号是否也是由 A、B 两点同时发出的？光的传播需要时间，因为在光信号到达 C' 和 C 所需时间内，C' 已向右行了一段距离，所以从 A 点发出的光先到达 C'，然后到达 C，从 B 点发出的光信号则先到达 C，后到达 C'（如图 15-3b、c 所示），于是 C' 处的车上的观察者先看见 A 点发出的光信号，后看见 B 点发出的光信号；因此，车上的观察者观察到光信号从 A、B 两点不是同时发出的，A 点发出光信号比 B 点早。这正是对式（15-9）的定性解释。

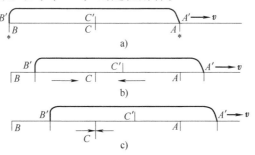

图 15-3 同时的相对性

15.3.2 长度的相对性

在伽利略看来，物体的长度是绝对不变的，与物体或观察者的运动无关，与惯性参考系亦无关。那么，根据狭义相对论，如果在洛伦兹变换下，同一物体的长度在不同惯性参考系中量度时是否变化呢？

1. 物体在与运动垂直方向上长度不变

如图 15-4 所示，一根细棒被置于惯性参考系 S′上，且棒与 $y′$ 轴平行，棒的两端在 $y′_1$ 和 $y′_2$ 处，$L_0 = y′_2 - y′_1$。当两个惯性参考系 S 和 S′相对静止时，在两个惯性系中测出棒的长度均为 L_0。但当 S′系相对于 S 系以 v 的速度沿 x 轴运动时，由于棒置于 S′系中，因而在 S′系中测量棒长仍为 L_0，而在 S 系中同时测量得棒两端点坐标为 y_1、y_2，棒长 $L = y_2 - y_1$。根据洛伦兹变换式（15-5），有

$$L = y_2 - y_1 = y′_2 - y′_1 \tag{15-10}$$

同理，若把棒放在 z 轴方向上，也有同样的结果。结论：当棒放在与运动方向垂直的方向时，相对于棒而言，运动观察者和静止观察者都认为棒有相同的长度，即棒长不变。

2. 物体在运动方向上长度缩短

设有两个惯性参考系 S 和 S′。如图 15-5 所示，一根细棒被固定在 S′系中，且棒与 $x′$ 轴平行，棒两端分别在 $x′_1$ 和 $x′_2$ 处，S′系上测得棒的长度为 $L_0 = x′_2 - x′_1$。当 S′系相对于 S 系以 v 的速度沿 x 或 $x′$ 轴方向向右运动时，在 S′系中测量棒长仍为 L_0，而在 S 系中同时测量得棒两端点坐标为 x_1、x_2，棒长 $L = x_2 - x_1$。根据洛伦兹变换式（15-5），有

$$\begin{cases} x′_1 = \dfrac{x_1 - vt_1}{\sqrt{1 - v^2/c^2}} \\ x′_2 = \dfrac{x_2 - vt_2}{\sqrt{1 - v^2/c^2}} \end{cases}$$

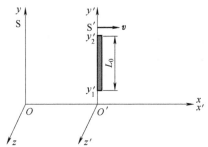
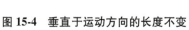
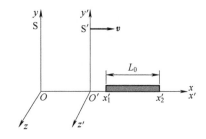

图 15-4　垂直于运动方向的长度不变　　　　图 15-5　运动方向上的长度缩短

由于在 S 系中测棒的长度时，两端点的坐标必须是相对于 S 系而言，且在同一时刻测出的，因此 $t_2 = t_1$。令上述两式相减，可得

$$x′_2 - x′_1 = \frac{x_2 - x_1}{\sqrt{1 - v^2/c^2}}$$

即

$$L_0 = \frac{L}{\sqrt{1 - v^2/c^2}}$$

或

$$L = L_0\sqrt{1 - v^2/c^2} \qquad\qquad (15\text{-}11)$$

由于 $\sqrt{1-v^2/c^2}<1$，故 $L<L_0$，这就是说，从 S 系中看来，静止于 S′ 系中的棒的长度要缩短一些。由此得出结论：当一个惯性参考系相对于另一惯性参考系以速度 v 运动时，从静止惯性系将测得运动惯性系中的物体长度在运动的方向上以因子 $\sqrt{1-v^2/c^2}$ 缩短。通常称这一现象为**洛伦兹-斐兹杰惹长度缩短**。长度的缩短完全是一种相对论效应，它与人们习以为常的经验完全不同。在通常情况下，由于 $v \ll c$，则 $\sqrt{1-v^2/c^2} \approx 1$，即 $L \approx L_0$，因而人们未能体会到长度收缩的现象。长度收缩现象在宇宙航行及基本粒子实验中被完全证实，而且理论计算结果与测量结果精确吻合。

15.3.3 时间的相对性

既然在相对论中长度具有相对性，那么，在相对论中，一个事件的发生所经历的时间是否也具有相对性呢？即在不同惯性系中测量同一事件的发生所经历的时间是否也有所不同？这个问题仍然要由洛伦兹变换出发来讨论。

如图 15-6 所示，在 S′ 系中的 A′ 处有一静止的时钟，有一事件于 t_1' 时刻于此地发生，而于 t_2' 时刻终止于此地，则从 S′ 系来看，该事件在 A′ 处所经历的时间为 $\Delta t' = t_2' - t_1'$。

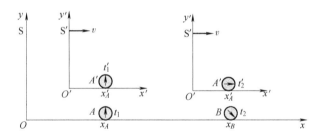

图 15-6 时间的相对性

设 S′ 系以速度 v 相对于 S 系在 x 轴或 x' 轴方向向右运动，事件发生时，A′ 点位于 S 系的 A 处，而静止于 S 系上的时钟指示 t_1 时刻，事件终止时，A′ 点位于 S 系的 B 处，而此处静止于 S 系上的时钟指示 t_2 时刻，考虑到 S 系上的时钟都是统一对准的，则该事件的发生在 S 系上来看，它所经历的时间 $\Delta t = t_2 - t_1$。根据洛伦兹变换式（15-6）有

$$\begin{cases} t_1 = \dfrac{t_1' + \dfrac{v}{c^2}x_{A'}'}{\sqrt{1 - v^2/c^2}} \\[4mm] t_2 = \dfrac{t_2' + \dfrac{v}{c^2}x_{A'}'}{\sqrt{1 - v^2/c^2}} \end{cases}$$

上两式相减，则有

$$\Delta t = t_2 - t_1 = \frac{t_2' - t_1'}{\sqrt{1 - v^2/c^2}} = \frac{\Delta t'}{\sqrt{1 - v^2/c^2}}$$

或
$$\Delta t = \frac{\Delta t'}{\sqrt{1-v^2/c^2}}$$
（15-12）

由式（15-12）可见，由于 $\sqrt{1-v^2/c^2}<1$，故 $\Delta t>\Delta t'$，即在 S 系中所记录的该事件发生所经历的时间要大于在 S′系中所记录的该事件发生所经历的时间。换句话说，S 系的时钟记录 S′系内某一地点发生的事件所经历的时间，比 S′系的时钟所记录的时间要长一些。由于 S′系以速度 v 沿 x 轴或 x' 轴方向相对于 S 系运动，因此可以说，运动着的时钟走慢了。同理，若观察者站在 S′系中观察 S 系中某一地点发生的同一事件，也会得出相同的结论。上述这种现象称为**时间延缓效应**。它也完全是一种相对论效应。由此可见，时间已不再是绝对的了，亦具有相对性。

与一事件的发生地点相对静止的时钟所记录的该事件所经历的时间称为该事件的**固有时间**或**本征时间**，用 τ_0 表示；而在相对于此事件发生地点以速度 v 运动的其他惯性参考系中，记录该事件所经历的时间称为测量时间或相对时间，用 τ 表示，则

$$\tau = \frac{\tau_0}{\sqrt{1-v^2/c^2}}$$
（15-13）

时间延缓效应完全是从相对运动的角度来描述的。相对于时钟静止的任一观察者，用这只时钟测得的时间都是固有时间，而以速度 v 相对于观察者运动的时钟，则走得慢一点，我们不能说哪一只时钟更准确。同一只时钟，对于携带它的人可测出固有时间，而对于迅速经过它的人，所测出的时间，总要比固有时间长一些。

当然，当 $v \ll c$ 时，有 $\sqrt{1-v^2/c^2} \approx 1$，即 $\Delta t \approx \Delta t'$，上述时间延缓效应便不复存在了。

15.4　狭义相对论动力学基础

物体规律在不同惯性参考系间的变换具有不变性，称为**协变性**。

在经典时空理论中，牛顿力学定律在伽利略变换下具有协变性，但在洛伦兹变换下就不是协变的了。根据狭义相对论的相对性原理，物理定律在一定的惯性参考系中都应具有协变性。为了使力学的基本方程经洛伦兹变换后在各惯性参考系中也都是协变的，必须把牛顿力学的公式做适当的改造，改造的结果便产生了相对论力学。

相对论力学的公式必须满足下列要求：第一，必须符合相对论的基本假设，即光速不变原理和相对性原理；第二，当运动物体的速率 $v \ll c$ 时，它们变为牛顿力学的公式，也就是说，牛顿力学是当 $v \ll c$ 时相对论力学的一级近似。以下将对力学中的基本物理量，诸如质量、动量、动能、能量以及动力学方程加以讨论，给出适合狭义相对论并且在洛伦兹变换下协变的表达形式。

15.4.1　相对论质量与动量

当质量为 m_0 的物体相对于观察者以速度 v 运动时，观察者测量出物体的质量 m，在相对论中 m 与 m_0 的关系为

$$m = \frac{m_0}{\sqrt{1-\dfrac{v^2}{c^2}}}$$
（15-14）

式（15-4）即相对论质量表达式，又称为**质速关系**。式中，m_0 为物体相对于观察者静止时的质量，一般称为物体的静质量；m 为物体相对于观察者以速度 v 运动时，观察者测量出的质量，一般称为物体的动质量。物体的动质量已不再是一个常量，它与观察者所属的惯性参考系有关。

图 15-7 表示物体的质量与其运动速度的关系（质-速关系）。当物体的速率趋近于零时，物体的动质量趋近于静质量。当物体的速度 v 接近于光速 c 时，物体的质量变化尤为显著，如 $v=0.1c$ 时，$m=1.0005m_0$；$v=0.866c$ 时，$m=2m_0$；$v=0.98c$ 时，$m=5m_0$。在电子偏转实验中，以及在高能粒子加速器实验中的大量实验结果都证明了式（15-14）的正确性。从质速关系可见，对于静质量不为零的物体，当 $v \to c$ 时，$m \to \infty$；当 $v>c$ 时，m 变为虚数。所以，静质量不为零的物体，其速度不可能等于或超过光速。运动速度等于光速的粒子，如光子、中微子等，它们的静质量只能是零。

在狭义相对论中，相应的动量定义为

$$p=mv=\frac{m_0v}{\sqrt{1-\dfrac{v^2}{c^2}}} \tag{15-15}$$

此时动量守恒定律在不同惯性参考系中保持协变性。

因为相对论中质量与速度有关，所以动量已不再与速度成正比，这有别于经典力学中的结论，图 15-8 示出了动量与速度的关系在相对论力学和在经典力学中的差异。

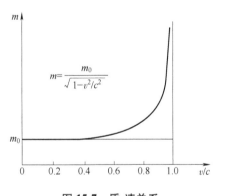

图 15-7　质-速关系

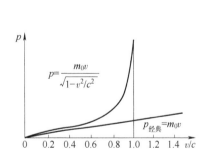

图 15-8　动量与速度的关系

15.4.2　相对论动力学的基本方程

在狭义相对论中，因为质量是随速度而变化的，所以牛顿第二定律不能再取 $\boldsymbol{F}=m\boldsymbol{a}$ 的形式，而应该写成如下形式：

$$\boldsymbol{F}=\frac{\mathrm{d}\boldsymbol{p}}{\mathrm{d}t}=\frac{\mathrm{d}}{\mathrm{d}t}\left(\frac{m_0\boldsymbol{v}}{\sqrt{1-v^2/c^2}}\right) \tag{15-16}$$

式中，t、$\boldsymbol{F}$、$\boldsymbol{p}$ 是在同一惯性参考系中的测量量。

当 $v \ll c$ 时，$\sqrt{1-\dfrac{v^2}{c^2}} \to 1$，则式（15-16）又恢复为经典牛顿第二定律的表述形式。

15.4.3 相对论的能量

现在来讨论，在无耗散、无任何势场作用情况下，物体的相对论能量的形式。这种情况下的物体称为自由物体。根据狭义相对论的相对性原理，动能定理在相对论中表述形式不变，当一自由物体受一外力作用时，物体动能的增量等于外力所做的功。

设有一自有物体，初始时刻静止于某一惯性参考系时，物体在 x 轴方向上由于受到一外力 $\boldsymbol{F}$ 作用而产生运动，此外力 $\boldsymbol{F}$ 所做的功为

$$A = \int F \mathrm{d}x = \int \frac{\mathrm{d}p}{\mathrm{d}t}\mathrm{d}x = \int v \mathrm{d}p = \int \frac{m_0 v}{(1-v^2/c^2)^{3/2}}\mathrm{d}v = \int \mathrm{d}\left(\frac{m_0 c^2}{\sqrt{1-v^2/c^2}}\right)$$

取上述积分上限为 v，下限为 0，则有

$$A = \frac{m_0 c^2}{\sqrt{1-v^2/c^2}} - m_0 c^2$$

如前所述，外力对自由物体所做的功等于物体功能的增量。由于物体初始时刻静止于惯性参考系中，初能量为 0，所以上式所表示的外力对自由物体所做的功，就是自由物体在速度为 $\boldsymbol{v}$ 时动能 E_k 的大小，即

$$E_k = \frac{m_0 c^2}{\sqrt{1-v^2/c^2}} - m_0 c^2 \tag{15-17}$$

表面上看来，相对论的动能表达式（15-17）与经典力学的动能表达式 $\frac{1}{2}m_0 v^2$ 毫无相同之

处，但当 $v \ll c$ 时，$\dfrac{v}{c} \ll 1$，此时，从如下的展开式

$$\frac{1}{\sqrt{1-v^2/c^2}} = 1 + \frac{1}{2}\frac{v^2}{c^2} + \frac{3}{8}\frac{v^4}{c^4} + \frac{5}{32}\frac{v^6}{c^6} + \cdots$$

略去 $\dfrac{v^2}{c^2}$ 以上的高次项，则得

$$\frac{1}{\sqrt{1-v^2/c^2}} = 1 + \frac{1}{2}\frac{v^2}{c^2}$$

把上式代入式（15-17），则有

$$E_k = m_0 c^2 \left(1 + \frac{1}{2}\frac{v^2}{c^2}\right) - m_0 c^2 = \frac{1}{2}m_0 v^2$$

可见，当 $\dfrac{v}{c} \ll 1$ 时，式（15-17）所表达的相对论动能便简化为经典力学的动能表达式。

考虑到质速关系式（15-14），式（15-17）还可以写成下列形式：

$$E_k = mc^2 - m_0 c^2 \tag{15-18}$$

式中，mc^2 称为自由物体的**相对论总能量**，用 E 表示，即

$$E = mc^2 = \frac{m_0 c^2}{\sqrt{1-v^2/c^2}} \tag{15-19}$$

而 $m_0 c^2$ 称为自由物体的静止能量，简称**静能**，用 E_0 表示，即

$$E_0 = m_0 c^2 \tag{15-20}$$

由式（15-18）可以得出结论：自由物体的相对论动能等于其相对论总能量与其静能之差，即

$$E_k = E - E_0 \quad 或 \quad E = E_k + E_0 \tag{15-21}$$

式（15-21）表明，自由物体的相对论总能量等于其相对论动能与静能之和。

图 15-9 画出了不同速度下，自由物体的相对论总能量 E、相对论动能 E_k、静能 E_0 和经典力学中的动能 $\frac{1}{2} m_0 v^2$。可以看出，当 $\frac{v}{c} \ll 1$ 时，相对论的动能 E_k 和经典力学动能 $\frac{1}{2} m_0 v^2$ 几乎重合。当 $\frac{v}{c}$ 增大时，相对论动能要比经典力学动能增加得快。

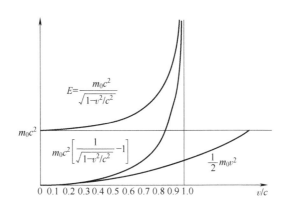

图 15-9 不同速度下自由物体的能量和动能

15.4.4 相对论质能关系

在狭义相对论中，一般把

$$E = mc^2 \tag{15-22}$$

称为**相对论的质能关系式**。它反映了物质的两个基本属性——质量和能量之间的不可分割的联系。它表明自然界中没有脱离质量的能量，也没有脱离能量的质量，相对论总能量与相对论质量总是成正比的。

式（15-18）又可写成

$$E_k = mc^2 - m_0 c^2 = (m - m_0) c^2 \tag{15-23}$$

式（15-23）表明，当物体的动能由零增加到 E_k 时，其质量从 m_0 增加到 m；或者说，当物体的质量随物体的运动由 m_0 增加到 m 时，其动能由零增加到 E_k，即物体动能的增量与质量的增量成正比，可写成

$$\Delta E_k = \Delta m c^2 \tag{15-24}$$

由于物体的静能与物体的静质量成正比，且为常量，它不随物体的运动而变化，那么，物体动能的变化即为总能量的变化。故式（15-24）可以更普遍地写为

$$\Delta E = \Delta m c^2 \tag{15-25}$$

式（15-25）表明，一个系统、一个物体、一个质点或一个粒子能量变化的同时都伴随着质量的变化，任何质量的变化都同时相应地有能量的变化。

式（15-22）及式（15-25）的正确性已被大量实验所证实，它们是人类开发利用核能的理论依据。

15.4.5 相对论动量与能量的关系

在狭义相对论中，建立动量与能量的关系是必要的，它可以解释很多物理现象。

由式（15-19）可得

$$\left(\frac{E}{m_0c^2}\right)^2 = \frac{1}{1-v^2/c^2}$$

由式（15-15）可得

$$\frac{p^2c^2}{(m_0c^2)^2} = \frac{v^2/c^2}{1-v^2/c^2}$$

上述两式相减，并稍加整理，有

$$E^2 = m_0^2c^4 + p^2c^2 \tag{15-26}$$

或

$$E = \sqrt{m_0^2c^4 + p^2c^2}$$

式（15-26）便是相对论中动量与能量的关系。

对于光子，其静质量及静能量均为零。由式（15-26）知，光子的能量为

$$E = pc \tag{15-27}$$

能量为 E 的光子具有动量

$$p = \frac{E}{c} \tag{15-28}$$

能量为 E 的光子具有的动质量 m，由式（15-22）有

$$m = \frac{E}{c^2} = \frac{p}{c} \tag{15-29}$$

光子没有静质量和静能量，却有动质量和动量，这已被大量实验所证实。例如，光线经过大星体旁时会发生弯曲，是由于光子具有动质量，而受大星体的万有引力作用所致。又如，实验中观察到当光照射到物体表面时，会产生光压，这也是由于光子具有动量的缘故。在太阳系中，彗星彗尾的形成便是太阳光压作用的结果。

习　题

15-1　说明经典力学的相对性原理与狭义相对论相对性原理之间的异同？

15-2　在宇宙飞船上，有人拿着一个立方体物体。若飞船以接近光速的速度背离地球飞行，分别从地球上和飞船上观察此物体，他们观察到物体的形状是一样的吗？

15-3　你认为可以把物体加速到光速吗？有人说光速是运动物体的极限速率，你能得出这一结论吗？

15-4　两个观察者分别处于惯性系 S 和惯性系 S' 内，在这两个惯性系中各有一根分别与 S 系和 S' 系相对静止的米尺，而且两米尺均沿 x 轴或 x' 轴放置，这两个观察者从测量中发现，在另一个惯性系中的米尺总比自己惯性系中的米尺要短些，你怎样看待这个问题呢？

15-5　有两个事件 A 和 B，从 S 系中的观察者测得这两个事件发生在同一时刻不同地点，那么，从 S' 系中的观察者来说，这两事件是否仍发生于同一时刻不同地点呢？

15-6　在太阳参考系中，有两个相同的时钟，分别放在地球和火星上，如果略去星体的自转，只考虑

其轨道效应，那么地球上的钟和火星上的钟，哪个走得较慢？

15-7　什么条件下，$E=cp$ 的关系才成立？

15-8　在相对论中能不能认为粒子的动能就等于 $\frac{1}{2}mv^2$？

15-9　如果一粒子的质量为其静质量的 1000 倍，该粒子必须以多大的速率运动？（以光速表示）

15-10　在麦克斯韦的经典电磁理论中，电磁波的波长与频率有关系 $\lambda v=c$，从狭义相对论来看，这个关系是否仍成立？

15-11　设有两个参考系 S 和 S′，它们的原点在 $t=0$ 和 $t'=0$ 时重合在一起，有一事件，在 S′系中发生在 $t'=8.0\times10^{-8}\,\mathrm{s}$，$x'=60\mathrm{m}$，$y'=0$，$z'=0$ 处，若 S′系相对于 S 系以速率 $v=0.60c$ 沿 x 轴或 x'轴运动，问该事件在 S 系中的时空坐标为多少？

15-12　一列火车长 $0.30\mathrm{km}$（火车上观察者测得），以 $100\mathrm{km\cdot h^{-1}}$ 的速度行驶，地面上的观察者发现有两个闪电同时击中货车前后两端，问火车上的观察者测得两闪电击中火车前后两端的时间间隔为多少？

15-13　一飞船的固有长度为 L，相对于地面以速度 v_1 做匀速直线运动，从飞船中的后端向飞船中的前端的一个靶子发射一颗相对飞船的速度为 v_2 的子弹，在飞船上测得子弹从射出到击中靶子的时间间隔是多少？（c 表示真空中光速）

15-14　固有长度为 $4.0\mathrm{m}$ 的物体，若以速率 $0.6c$ 沿 x 轴相对某惯性系运动，试问从该惯性系测量该物体的长度为多少？

15-15　若从一惯性系中测得宇宙飞船的长度为其固有长度的一半，试问宇宙飞船相对此惯性系的速度为多少？（以光速 c 表示）

15-16　设在正负电子对撞机中，电子和正电子以速度 $0.90c$ 相向飞行，它们之间的相对速度为多少？

15-17　以速度 v 沿 x 方向运动的粒子，在 y 方向上发射一光子，求地面观察者所测得光子的速度。

15-18　在惯性系 S 中，有两个事件同时发生在 x 轴上相距为 $1.0\times10^3\mathrm{m}$ 的两处，从惯性系 S′中测到这两个事件相距为 $2.0\times10^3\mathrm{m}$，试问由 S′系测得此两事件的时间间隔为多少？

第 16 章

量子物理学基础

19 世纪末，经典物理学已经发展到了比较"完善"的地步，甚至有些杰出的物理学家认为物理规律已基本上被揭露出来，经典物理学的框架体系已经基本完成，后人的任务只是把物理学的理论应用于具体问题，并以此来解释新的实验事实，或者做一些修正和补充。也正是在这个时候，人们陆续发现的一系列的物理现象——诸如黑体辐射、光电效应、原子的光谱线系、原子的稳定性和大小以及固体在低温下的比热的突变等——无法应用已有的物理学理论给予圆满的解释，从而使已有的物理学理论遇到了极大的挑战和内在的矛盾，同时也说明经典物理学的"完善"只是物理学发展中的一个阶段性完善，而经典物理学遇到的矛盾则预示了物理学发展新阶段的到来。量子物理学和相对论正是在这一背景下产生的。

1900 年 12 月 14 日，普朗克在柏林德国物理学会的年会上给出了黑体辐射定律的推导，这一天被认为是量子理论的诞辰日。在其后的不到半个世纪的时间里，玻尔、爱因斯坦、康普顿、德布罗意、玻恩、海森堡、薛定谔、狄拉克、泡利、费米等许多杰出的物理学家都对量子物理学的发展做出了不可磨灭的、开创性的贡献。

量子物理学是人们在研究微观领域的问题时诞生的，但量子物理学并不只是研究微观问题，量子物理学的规律是自然界中最普遍的规律，从某种意义上讲，经典物理学规律只是量子物理学规律在某种范围内的表现形式。

量子物理学仍以理论和实验两条路径发展。由于实验手段的局限性，理论的发展要比实验更广泛、深入一些，不过量子物理学的一些基本理论都得到了实验的证实，并且关于微观世界的实验现象大多都能够用量子物理学的理论进行解释。

本章主要介绍一些最基本的量子物理学思想和观点，以及一些佐证这些观点的实验。

16.1 黑体辐射 普朗克量子化假说

大量的实验研究发现，任何物体在任何温度下都在发射各种波长的电磁波，这是由于组成物体的分子、原子受到热激发而发生电磁辐射的结果，这种由于发射电磁波而发射出的能量称为**辐射能**。例如，当我们给一铁块加热时，开始时它看起来是很暗的，随着温度升高，铁块的颜色由暗变红，再由红变黄，当温度很高时，铁块变成白色。铁块在加热时吸热，同时，它也在向外辐射电磁波，人们观察到它的颜色随温度的变化正是由于其发射的电磁波波长的分布随着温度变化而不同的结果。这种在一定时间内辐射能的多少，以及辐射能按波长的分布都与温度有关的电磁辐射称为**热辐射**。

这里引入**单色辐出度**的概念来定量地表述热辐射能量按波长的分布及其与温度的关系，记为 $e(\lambda, T)$，它表示单位时间内从温度为 T 的物体单位表面积上发出的波长在 λ 附近 $d\lambda$ 波长范围内的电磁波能量 dE 与 $d\lambda$ 之比。单位为 $J \cdot m^{-3} \cdot s^{-1}$ 或 $W \cdot m^{-3}$，单色辐出度 $e(\lambda, T)$ 反映了在不同温度下辐射能按波长分布的情况，它是 λ 和 T 的函数。

实验表明，不同物体在某一频率范围内辐射和吸收电磁辐射的本领是不同的，对于任何物体，若它在某一频率范围内辐射本领越大，则它在这一频率范围内的吸收本领也越大，反之亦然。有些物体的表面比较暗，说明其吸收本领大一些，同时其辐射本领也大一些。物体的辐射本领和吸收本领除与温度有关外，还与物体本身的种类及其表面状态有关。一般说来，入射到物体上的电磁辐射一部分被物体吸收，另一部分被物体反射。有些物体能够完全吸收一切外来的电磁辐射，这种物体称为**黑体**。事实上，绝对的黑体是不存在的，这里定义的黑体仅仅如同质点、刚体、理想气体一样，也是从实际物体中抽象出来的理想模型。即使是黑黑的烟煤，也只能吸收约 99% 的入射光能，仍不是最理想的黑体。可以设想一个黑体模型：在一不透明的空腔材料上开一小孔，外来的辐射由小孔射入腔内，在腔内多次反射而不能射出，每经一次反射，其能量就被腔体吸收一部分，经多次反射后，其能量殆尽，则此辐射全被腔体吸收了，如图 16-1 所示。如此的空腔实际上能完全吸收各种波长的入射电磁波。

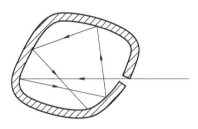

图 16-1　黑体模型

黑体的吸收本领最大，其辐射本领也最大，而且它的辐射本领也和温度有关。当黑体处于某一温度时，电磁辐射从黑体发出，其中包含各种波长的电磁波，称之为**黑体辐射**。因为吸收本领较大的物体，其辐射本领也较大，所以只要能够了解黑体的辐射本领，便能了解一般物体的辐射性质。故而，对黑体辐射理论的探索成为热辐射研究的一个重要内容。

实验测出的黑体的单色辐出度 $e(\lambda, T)$ 和波长 λ 之间的关系如图 16-2 所示，根据实验曲线，得出了有关黑体辐射的两条普遍规律。

（1）在一定温度下，每一条曲线反映了黑体的单色辐出度随波长的分布情况；每一条曲线下的面积等于黑体在一定温度下的总辐出度，即

$$E(T) = \int_0^\infty e(\lambda, T)\, d\lambda$$

由实验曲线可见，$E(T)$ 随温度升高而增大，经斯忒藩和玻耳兹曼系统分析实验结果并通过热力学理论推导得知

$$E(T) = \sigma T^4 \qquad (16\text{-}1)$$

式中，$\sigma = 5.67 \times 10^{-8} W \cdot m^{-2} \cdot K^{-4}$，称为斯忒藩-玻耳兹曼常量。式（16-1）便是**斯忒藩-玻耳兹曼定律**的表达式。

（2）图 16-2 中每一条曲线上，$e(\lambda, T)$ 有一最大值，称为峰值，即对应最大的单色辐出度 $e_{max}(\lambda, T)$。相应于该峰值的波长 λ_m 称为峰值波长，随温度升高，λ_m 向短波方向移

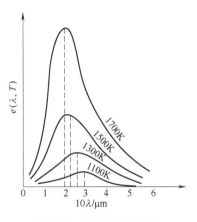

图 16-2　绝对黑体的辐出度按波长分布曲线

动，维恩应用热力学理论得出了 T 与 λ_{m} 的关系：

$$\lambda_{\mathrm{m}}T = b \tag{16-2}$$

式中，b 为一恒量，其值为 $2.897 \times 10^{-3} \mathrm{m \cdot K}$。式（16-2）乃是**维恩位移定律**的表达式。

图 16-2 所示的曲线反映了黑体的单色辐出度与 λ、T 的关系，这些曲线是通过实验得到的，为了从理论上导出符合实验曲线的函数式 $e(\lambda, T)$，即黑体单色辐出度与热力学温度及辐射波长的函数表达式，19 世纪末，许多物理学家试图通过经典物理学理论得到一个与实验相符的分布公式，但都未成功。维恩由热力学的讨论，并加上一些特殊假设得出一个维恩分布公式，这个公式在图 16-3 所示的短波部分与实验结果（图中圈代表实验值）还符合，而在长波部分则显著不一致。瑞利和金斯根据经典电动力学和统计物理学理论也得出一个分布公式，这个公式在图 16-3 所示的长波部分与实验结果较符合，而在短波部分则完全不符，因紫外光在短波范围，因而物理学史中称之为"紫外灾难"。以上尝试的失败说明，在探索黑体辐射问题时经典物理学确实遇到了无法克服的困难。

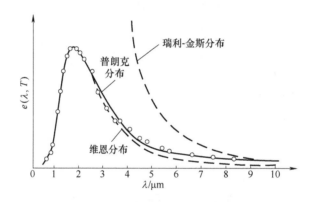

图 16-3　各黑体辐射公式与实验的比较

1900 年 12 月 14 日，普朗克在德国物理学会的一次会议上提出了符合实验结果的黑体辐射定律的推导。在推导单色辐出度作为波长和温度的函数这一理论表达式时，普朗克做了一个大胆且有争议的基本假设，该假设违背了经典物理学中简谐振子具有连续分布的能量的事实。这个假设的基本思想是：辐射黑体是由许多带电的线性简谐振子所组成的，这些简谐振子辐射或吸收电磁波，并与周围的电磁场交换能量，只能处于某些特定的能量状态。这些状态的能量是某一最小能量 ε 的整数倍，即

$$\varepsilon, 2\varepsilon, 3\varepsilon, 4\varepsilon, 5\varepsilon, \cdots$$

简谐振子在吸收和发射电磁波时，只能以不连续形式吸收和发射能量，即简谐振子的能量变化也是不连续的。最小能量 ε 与简谐振子的自然振动频率成正比，即

$$\varepsilon = h\nu \tag{16-3}$$

$h\nu$ 称为频率为 ν 的能量子，简称量子。式中，h 称为普朗克常量，一般取 $h = 6.626 \times 10^{-34} \mathrm{J \cdot s}$。

根据这一假设，普朗克运用经典统计理论和电磁理论，得出了著名的普朗克黑体辐射公式

$$e(\lambda, T) = \frac{2\pi hc^2}{\lambda^5} \cdot \frac{1}{e^{\frac{hc}{kT\lambda}} - 1} \tag{16-4}$$

式中，c 为光速；k 是玻耳兹曼常量。

普朗克提出的能量量子化假说从本质上脱离了经典物理学的束缚，该假说成功地解释了黑体辐射现象，开创了量子物理学的发展历史，普朗克本人因此获得了 1918 年度诺贝尔物理学奖。

普朗克在成功地从微观的观点导出式（16-4）之前，实际上已经猜出了 $e(\lambda, T)$ 对 λ 和 T 的正确依赖关系。这个猜测部分基于其他物理学家的一些仔细测量结果，部分基于某些一般的理论上的考虑。普朗克在 1900 年 10 月 19 日向德国物理学会提交了他的初步结果以后，有几位物理学家把普朗克的初步结果与实验结果核对，发现它们以惊人的准确性与实验事实相符，因此普朗克面对的是寻找一个理论证明。在紧张地工作了两个月后，他成功地完成了这项工作。

16.2　光的波粒二象性

光电效应是 1887 年赫兹在证实麦克斯韦电磁波理论的实验时不经意地发现的，却显示了麦克斯韦电磁理论的一个无法弥补的破绽，从而成为 19 世纪末经典物理学所遇到的又一重大难题。1905 年 3 月爱因斯坦提出了光量子假说，解释了光电效应现象，并指明光具有波粒二象性。

16.2.1　光电效应爱因斯坦方程

1. 光电效应

一定频率的光照射到某种金属表面时，立即有电子从金属表面逸出的现象称为**光电效应**。图 16-4 所示为研究光电效应的实验装置简图。在一抽成高真空的容器 GD 内，装有阴极板 K 和阳极 A，称为光电管。当单色光通过石英窗口照射到阴极 K 上时，就有电子从阴极表面逸出，这种电子称为光电子。如果在 A、K 两端施加电压 U，则光电子在加速电场作用下向阳极 A 运动，形成回路中的光电流。加速电压可由伏特计测出，而光电流的强弱可由电流计测出。

光电效应的实验规律归纳如下：

（1）以一定强度的单色光照射阴极 K 时，光电流随加速电压的增加而增加，当加速电压增加到一定值时，光电流 I 达到一饱和值 I_m，称之为饱和光电流，如图 16-5 所示。这说明从阴极 K 逸出的光电子全部到达阳极 A。如果以同一单色光而光强较大的光照射阴极 K 时，在相同的加速电压下，光电流的值增大，相应的 I_m 也增大，这说明从阴极 K 逸出的光电子数目增加了。由此得知：单位时间内从阴极逸出的光电子数和入射光强成正比，同时饱和光电流值也与入射光强成正比。

（2）由图 16-5 所示的实验曲线可以看出，当加速电压减小时，光电流随之减小，而加速电压为零时，光电流并不为零，而是为某一正值，它表明从阴极 K 逸出的光电子具有一定的初动能，尽管没有加速电场作用，仍有一部分光电子能到达阳极 A，只有当加上一个反向电压 U_c 时，光电流才为零。这一反向电压值 U_c 称为**遏止电压**。由于遏止电压的作用使得由阴极逸出的最快的光电子也不能到达阳极了。由此可知遏止电压应等于光电子逸出时的最大初动能，即

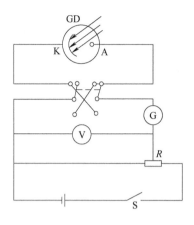

图 16-4　光电效应的实验装置

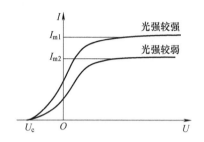

图 16-5　不同入射光强下光电流
随外加电压的变化曲线

$$eU_c = \frac{1}{2}mv_m^2 \tag{16-5}$$

式中，m 和 e 分别是光电子的质量和电荷量；v_m 为光电子逸出阴极表面时的最大速度。由图 16-5 可见，光电子的最大初动能与入射光的光强无关。

（3）图 16-6 所示是由实验测得的三种金属的遏止电压与入射光频率的关系曲线。由图中可见，遏止电压与入射光频率关系为

$$U_c = K(\nu - \nu_0) \tag{16-6}$$

式中，K 和 ν_0 都为常量。对不同金属，ν_0 不同；而对于同一金属，ν_0 恒定。将式（16-6）代入式（16-5）有

$$\frac{1}{2}mv_m^2 = eK\nu - eK\nu_0 \tag{16-7}$$

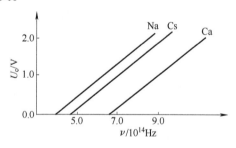

图 16-6　金属的遏止电压与
入射光频率的关系曲线

式（16-7）表明，当以某一频率的光入射时，从阴极逸出的光电子的最大初动能仅跟入射光频率 ν 与 ν_0 之差成正比，而与入射光的光强无关。

（4）由式（16-7）能够看出 ν_0 的物理意义：当入射光的频率 $\nu > \nu_0$ 时，$U_c > 0$。故由式（16-5）可知，光电子能够逸出金属表面，才能有光电流产生，否则的话，无论光强多么强，都不会产生光电流。这个频率 ν_0 称为**红限频率**。要使某种金属产生光电效应，必须使入射光的频率大于其相应的红限频率。不同的金属，其红限频率亦不相同，如表 16-1 所示。

表 16-1　几种金属的红限频率及逸出功

金　属	钠	钾	铷	铯	钙	铀	钨	锌	镍	铂
红限频率 $\nu_0/10^{14}$Hz	4.39	5.44	5.15	4.69	6.53	8.75	10.95	8.065	12.1	12.29
逸出功 $A/$eV	1.82	2.25	2.13	1.94	2.71	3.63	4.54	3.34	5.01	5.09

无论入射光的强度如何，只要其频率大于红限频率，几乎是在光照射到金属表面上瞬时，立刻有光电子逸出，其弛豫时间不超过 10^{-9} s。

2. 经典理论的困难

应用经典的电磁波理论无法圆满地解释光电效应现象，其遇到的主要困难如下。

（1）按照经典电磁理论，当光照射到金属表面上时，光的强度越大，则光电子获得的能量就应越多，它从金属表面逸出时的初动能也应越大，这样光电子的初动能应与入射光的光强成正比。而事实上，光电效应实验表明，光电子的初动能与入射光的光强无关。

（2）按照经典电磁理论，光电效应的产生与入射光的频率无关，无论何种频率的光，只要其光强足够大，就应该产生光电效应。然而，光电效应实验表明，只有当入射光的频率大于红限频率时才能产生光电效应，如果入射光的频率小于红限频率，则无论入射光的光强多么大，都不能产生光电效应。

（3）按照经典电磁理论，金属中的电子从入射光波中吸收能量，必须积累到一定的量值，才能释放出光电子。显然当入射光很弱时，能量积累的时间需要很长。

由此可见，经典的电磁理论无法对光电效应做出圆满的解释。

3. 光量子假说

1905 年，爱因斯坦借鉴了普朗克的能量量子化思想，提出了光量子假说。该假说认为，光在空间传播时，可以看成由微观粒子构成的粒子流，这些微观粒子称为**光量子**，简称光子。不同颜色光中光子的能量取决于该种光的频率。频率为 ν 的光束中每个光子所具有的能量为

$$\varepsilon = h\nu \tag{16-8}$$

式中，h 为普朗克常量。

应用爱因斯坦光量子假说可知：当用频率为 ν 的单色光照射到金属表面上时，一个电子吸收一个光子的能量 $h\nu$ 后，从金属表面逸出而成为光电子，能量 $h\nu$ 的一部分用于该电子从金属表面逸出时需克服金属的束缚而做功 A，称 A 为**逸出功**。不同金属的逸出功不同；而能量 $h\nu$ 的另一部分能量则转换为光电子逸出后所具有的最大动能。因而，由能量守恒定律知

$$h\nu = \frac{1}{2}mv_{\mathrm{m}}^2 + A \tag{16-9}$$

式（16-9）称为**爱因斯坦光电效应方程**。应用爱因斯坦光量子假说及光电效应方程能够圆满地解释光电效应现象。

（1）由式（16-8）知，频率不同的光，其光子的能量亦不同，频率越高，其光子的能量也越大，若光子的频率为 ν_0，且其能量 $h\nu_0$ 恰好等于 A 时，则由式（16-9）可知，电子的最大初动能 $\frac{1}{2}mv_{\mathrm{m}}^2 = 0$，则电子刚好能逸出金属表面。$\nu_0$ 即为前面所讲的红限频率：

$$\nu_0 = \frac{A}{h} \tag{16-10}$$

由此可见，只有当频率大于 ν_0 的入射光照在金属上时，电子吸收光子后才能具有足够的能量而逸出金属表面；若入射光频率小于 ν_0，电子吸收光子后所具有的能量不足以克服金属表面的束缚，故不能逸出金属表面而成为光电子。这说明光电效应现象中应具有明确的

红限频率。

比较式（16-7）和式（16-9），有

$$h = eK \qquad (16\text{-}11)$$

1916 年，密立根（Milygen）在做光电效应实验时，测得金属钠的遏止电压 U_c 与光的频率呈线性关系的图线，根据图线的斜率（即 K 值）并利用式（16-11）算出普朗克常量 $h = 6.56 \times 10^{-34} \mathrm{J \cdot s}$，这与现在最新的测量值是很接近的。

（2）由光量子假说可知，光的强度越大，光束中所含光子数目就越多，若以大于红限频率的单色光入射，则随光子数增多，单位时间内逸出的光电子也增多，光电流即增大。因而，光电流与入射光强成正比。由式（16-9）亦可知，光电子的最大初动能与入射光频率呈线性关系，与入射光的光强无关，这恰与实验结果相符。

（3）当光照射金属时，一个光子的全部能量立即被一个电子所吸收，不需要能量积累的时间，光电效应现象的发生应是瞬时的，这也与实验相一致。

4. 光的波粒二象性

人类对光的本质的认识经历了 17 世纪牛顿的微粒说以及 18 世纪后的由光的干涉、衍射等现象证实的波动说。到了 20 世纪初，爱因斯坦的光量子假说解释了光的波动说所无法圆满解释的许多物理现象，从而又确立了光的粒子性。

由于光子的静止质量 $m_0 = 0$，由相对论能量与动量的关系式

$$\varepsilon^2 = p^2 c^2 + m_0^2 c^4$$

有 $\varepsilon = pc$ 或 $p = \dfrac{\varepsilon}{c}$；而光子的能量 $\varepsilon = h\nu$，光的波长 $\lambda = c/\nu$，所以

$$p = \frac{h\nu}{c} = \frac{h}{\lambda} \qquad (16\text{-}12)$$

虽然光子静质量 $m_0 = 0$，但其动质量 m 不为零。因为

$$\varepsilon = mc^2, \qquad \varepsilon = h\nu$$

所以

$$m = \frac{h\nu}{c^2}$$

亦即，对于一定频率的光，其光子的动质量为一有限值。

综上所述，式（16-8）和式（16-12）表明，光不但具有波动性，而且具有粒子性。称式（16-8）和式（16-12）为普朗克-爱因斯坦关系式。近代物理中关于光的本质的统一的认识是：光具有波动和粒子双重性质，即光具有波粒二象性。

16.2.2 康普顿效应

1923 年，美国科学家康普顿总结并分析了他在 1922 年从实验中进一步观察到的 X 射线通过某些物质时的特殊散射现象，再次证实了爱因斯坦的光量子假说。

图 16-7 所示是康普顿实验装置的示意图。X 射线源发出一束波长为 λ_0 的 X 射线，投射到散射物石墨上发生散射，用探测器可探测到不同方向散射的 X 射线的波长随强度的分布关系。实验结果表明，在被散射的 X 射线中除了有与入射 X 射线波长 λ_0 相同的射线外，还有波长大于 λ_0 的射线，这种波长发生变化的散射称为**康普顿散射**或**康普顿效应**。在稍后的 1928 年，康普顿的学生吴有训在进一步研究中指出：对于相对原子质量小的物

质，康普顿散射现象较明显，对于相对原子质量大的物质，康普顿散射现象不太明显；波长的变化量 $\Delta\lambda = \lambda - \lambda_0$ 随散射角 φ 的不同亦不同，当散射角增加时，波长的变化量也增加，在同一散射角下，对于所有散射物质，波长的变化量 $\Delta\lambda$ 都相同。

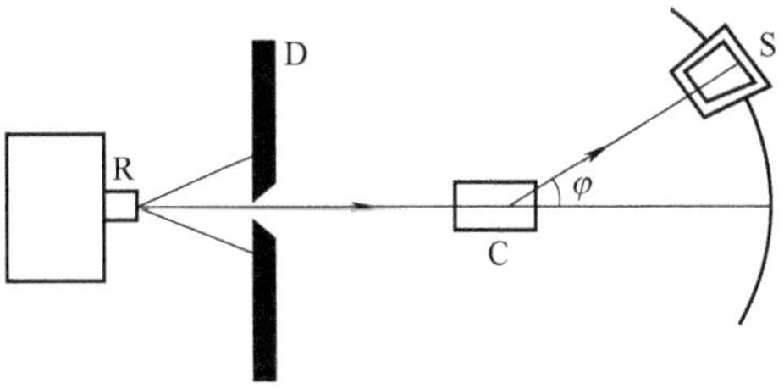

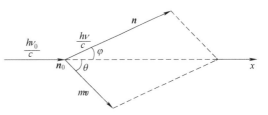

图 16-7　康普顿实验装置示意图

应用经典的电磁理论，能够解释波长不变的散射，却无法解释波长变化的散射现象。

根据光量子假说，一个光子与散射物中的一个自由电子或束缚较弱的电子发生完全弹性碰撞，由于相对于运动光子而言，电子的速度很小，近似地认为其静止。碰撞后，光子将沿某一方向散射，散射方向与入射方向间的夹角称为散射角，用 φ 表示。碰撞前，入射光子能量 $\varepsilon_0 = h\nu_0$，碰撞过程中把一部分能量传给电子，因而碰撞后光子的能量 $\varepsilon = h\nu$ 要小于 ε_0，即光子的频率变小，亦即其波长要增加。另外，光子除了与自由电子及束缚较弱的电子发生碰撞外，还有可能与原子中束缚很紧的电子发生碰撞，这相当于光子与原子整体碰撞。由于原子质量远远大于光子质量，由碰撞理论可知，碰撞后光子不会显著地失去能量，因而散射光的频率几乎不变，亦即在散射光中存在波长不变的射线。由于较轻原子中的内层电子所受束缚较弱，而较重原子中的内层电子所受束缚较强，因而相对原子质量较小的物质康普顿效应较明显，相对原子质量较大的物质康普顿效应不太明显。

早在 1912 年，萨德勒（C. A. Sodler）及米香（A. Meshan）就发现 X 射线被相对原子质量较小的物质散射后，波长有变长的现象。康普顿通过进一步的实验证实了这一事实，并建议把这种现象看成 X 射线的光子与电子碰撞而产生的。图 16-8 表示了一个光子和一个电子发生完全弹性碰撞的过程。设碰撞前电子的速度很小，相对于光子而言可以认为电子静止，而且电子在原子中的束缚能相对于 X 射线中的光子能量也很小，因此可视为自由电子，电子静能为 $m_e c^2$，动量为 0。设频率为 ν_0（波长为 λ_0）的光子沿 $\boldsymbol{n}_0$ 方向入射，能量为 $h\nu_0$，动量为 $\dfrac{h\nu_0}{c}\boldsymbol{n}$。碰撞后，光子以频率 ν（波长为 λ）沿与 $\boldsymbol{n}_0$ 成 φ 角的 $\boldsymbol{n}$ 方向散射，其能量为 $h\nu$，动量为 $\dfrac{h\nu}{c}\boldsymbol{n}$。而电子则以 v 的速率与 $\boldsymbol{n}_0$ 方向成 θ 角的方向反冲，能量为 mc^2，此时 $m = \dfrac{m_e}{\sqrt{1 - \dfrac{v^2}{c^2}}}$。整个碰撞过程在一平面内进行。这里 $\boldsymbol{n}_0$ 和 $\boldsymbol{n}$ 分别为光子碰撞前、后沿运动方向的单位矢量，c 为光速。由能量和动量守恒定律有

$$h\nu_0 + m_e c^2 = h\nu + mc^2$$

$$\frac{h\nu_0}{c}\boldsymbol{n}_0 = \frac{h\nu}{c}\boldsymbol{n} + m\boldsymbol{v}$$

图 16-8　光子和电子的碰撞

可以推导出

$$\Delta\lambda = \lambda - \lambda_0 = \frac{h}{m_e c}(1-\cos\varphi) \tag{16-13}$$

式（16-13）即为康普顿散射现象中的波长变化的公式，简称为**波长变化公式**。这个公式是由康普顿首先根据光量子假设得到，后来与吴有训共同在实验中证实的。

设 $\lambda_e = \dfrac{h}{m_e c}$，$\lambda_e$ 也具有波长的量纲，称为康普顿波长，则

$$\lambda_e = \frac{h}{m_e c} = 0.0024263\text{nm}$$

可见在康普顿散射中，波长在 10^{-3} nm 的数量级上变化，所以只有采用 X 射线（高频、短波），才能较容易观察到康普顿效应。

由式（16-13）可见，波长的变化与物质种类无关，仅与散射角有关，且随散射角增加，$\Delta\lambda$ 也增加，当 $\varphi = \pi$ 时，$\Delta\lambda$ 最大。式（16-13）的理论结果与实验事实完全相符。

在式（16-13）中亦可看到，散射的 X 射线波长的变化与角度的依赖关系式中包含了普朗克常量 h，因此，它是经典物理学无法解释的。康普顿散射实验是对光量子假设的一个直接的强有力的支持，因为在上述推导中，假定了整个光子（而不是其中一部分）被散射。此外，康普顿散射实验还证实：①普朗克-爱因斯坦关系式在定量上是正确的；②在微观的单个碰撞事件中，动量及能量守恒定律仍然是成立的，这是一个很重要的结论。

习　题

16-1　什么是爱因斯坦光量子假说，光子的能量和动量与什么因素有关？

16-2　什么是康普顿效应？

16-3　什么是光的波粒二象性？

16-4　光电效应和康普顿效应都是光子和物质原子中的电子相互作用过程，其区别何在？

16-5　什么是黑体？为什么从远处看山洞口总是黑的？

16-6　普朗克提出了能量量子化的概念，那么在经典物理范围内，有没有量子化的物理量，你能举出几个来吗？

16-7　你从哪些方面认识光子与经典力学定律是不相容的？

16-8　有人说："光的强度越大，光子的能量就越大。"对吗？

16-9　在康普顿效应中，入射光子的波长为 3.0×10^{-3} nm，反冲电子的速度为光速的60%，求散射光子的波长及散射角。

16-10　在康普顿效应中，如电子的散射方向与入射光子方向之间夹角为 φ，试证电子的动能为
$$E_k = h\nu_0(2a\cos^2\varphi)/\left[(1+a)^2 - a^2\cos^2\varphi\right]$$
其中 $a = h\nu_0/m_e c^2$。

16-11　波长为 0.1nm 的辐射，射在碳上，从而产生康普顿效应，从实验中，测量到散射辐射的方向与入射辐射的方向垂直。求散射辐射的波长。

16-12　太阳可看作是半径为 7.0×10^8 m 的球形黑体，试计算太阳的温度。设太阳射到地球表面上的辐射能量为 1.4×10^3 W·m^{-2}，地球与太阳的距离为 1.5×10^{11} m。

16-13　天狼星的温度约为 11000℃，试计算其辐射峰值的波长。

16-14　已知地球跟金星的大小差不多，金星的平均温度约为 773K，地球的平均温度为 293K，若把它们看作是理想黑体，这两个星体向空间辐射的能量之比为多少？

16-15　一具有 1.0×10^4 eV 能量的光子，与一静止自由电子相碰撞，碰撞后，光子的散射角为 60°，试问光子的波长、频率和能量各改变多少？

16-16　钨的逸出功为 4.52eV，钡的逸出功是 2.50eV，分别计算钨和钡的红限频率，哪一种金属可以用作可见光范围内的光电管阴极材料？

16-17　钾的红限频率为 4.62×10^{14} Hz，今以波长为 435.8nm 的光照射，求钾放出的光电子的初速度。

部分习题答案

第8章

8-1　$1.92 \times 10^{-6} kg$

8-2　活塞移向左侧

8-3　$6.21 \times 10^{-21} J$

8-4　5

8-5　$3.74 \times 10^{3} J$，$2.49 \times 10^{3} J$

8-6　0.83%

8-7　1.04%

8-8　2.31km

8-9　（1）$9.51 \times 10^{4} Pa$；（2）$6.15 \times 10^{4} Pa$；（3）$8.32 \times 10^{3} Pa$

8-10　$3.21 \times 10^{17} m^{-3}$ 7.79m

8-11　（1）$5.43 \times 10^{8} s^{-1}$；（2）$0.71 s^{-1}$

8-12　$1.27 \times 10^{-5} Pa \cdot s$

8-13　$\overline{\lambda} = 1.32 \times 10^{-7} m$，$d = 2.52 \times 10^{-10} m$

第9章

9-1　（1）$6.23 \times 10^{2} J$，$6.23 \times 10^{2} J$，0；

　　　（2）$1.039 \times 10^{3} J$，$6.23 \times 10^{2} J$，$4.16 \times 10^{2} J$

9-2　0.19K

9-3　（1）$6.83 \times 10^{2} J$；（2）$9.57 \times 10^{2} J$

9-4　$-3.46 \times 10^{3} J$

9-5　（1）在等体过程中，氢气吸收的热量全部转化为内能的增量，
　　　　氢的温度变为$2.85 \times 10^{2} K$；

　　　（2）在等温过程中，氢气吸收的热量全部转化为对外界做功，
　　　　氢气的体积变为$0.05 m^{3}$，
　　　　氢气的压强变为$9.07 \times 10^{4} Pa$；

　　　（3）在等压过程中，氢气吸收的热量一部分用于对外做功，另一部分使氢气的内能增加，
　　　　氢气的温度变为$2.82 \times 10^{2} K$，
　　　　氢气的体积变为$4.6 \times 10^{-2} m^{3}$

9-6　（1）$3.279 \times 10^{3} J$，$2.033 \times 10^{3} J$，$1.246 \times 10^{3} J$；

　　　（2）$2.933 \times 10^{3} J$，$1.687 \times 10^{3} J$，$1.246 \times 10^{3} J$

9-7　1.26，1.15

9-8　双原子分子气体 N_2

9-9　6.42K，$6.67×10^4$Pa，$2×10^3$J，$1.33×10^{-22}$J

9-10　p，γK_T

9-11　$5.35×10^3$J，$1.34×10^3$J，$4.01×10^3$J

9-12　72.7%，80%

9-13　(1) 533K；(2) 500K

9-14　(1) 37%，不是可逆机；(2) $1.67×10^4$J

9-15　2.4J·K^{-1}

9-16　715.2J·K^{-1}

9-17　1.3J·K^{-1}

第 10 章

10-1　(1) 8π s^{-1}，0.25s，0.05m，$\pi/3$，1.26m/s，31.6m/s²；

　　　(2) $25\pi/3$，$49\pi/3$，$241\pi/3$；

　　　(3) 略

10-2　(1) π；(2) $-\pi/2$；(3) $\pi/3$

10-3　(1) 0，$\pi/3$，$\pi/2$，$2\pi/3$，$4\pi/3$；(2) $x=0.05\cos\left(\dfrac{5}{6}\pi t-\dfrac{\pi}{3}\right)$；(3) 略

10-4　(1) 4.2s；(2) $4.5×10^{-2}$m·s^{-2}；(3) $x=0.02\cos\left(1.5t-\dfrac{\pi}{2}\right)$

10-5　(1) $x=0.02\cos(4\pi t+\pi/3)$；(2) $x=0.02\cos(4\pi t-2\pi/3)$

10-6　(1) $x_1=A\cos(\omega t+\varphi-\pi/2)$，$\Delta\varphi=-\pi/2$；(2) 略

10-7　$2\pi/3$

10-8　(1) 0.25m；(2) $±0.18$m；(3) 0.2J

10-9　$m\dfrac{d^2x}{dt^2}=-kx$，$T=2\pi\sqrt{\dfrac{m}{k}}$；总能量是 $\dfrac{1}{2}kA^2$

10-10　$2\pi\sqrt{2R/g}$

10-11　$x=0.06\cos(2t+0.08)$

10-12　$6.9×10^{-4}$Hz，10.8h

10-13　$y=0.05\sin(4.0t-5x+2.64)$ 或 $y=0.05\sin(4.0t+5x+1.64)$

10-14　(1) 0.50m，200Hz，100m·s^{-1}，沿 x 轴正向；(2) 25m·s^{-1}

10-15　3km，1.0m

10-16　(1) $y=0.04\cos\left(0.4\pi t-5\pi x+\dfrac{\pi}{2}\right)$；(2) 图略

10-17　(1) $x=n-8.4(n=0,±1,±2,\cdots)$，$-0.4$m，4s；(2) 图略

10-18　(1) 0.12m；(2) π

10-19　x 轴正向沿 AB 方向，原点取在 A 点，静止的各点的位置为 $x=15-2n$，$n=0$，$±1$，$±2$，$\cdots$，$±7$

10-20　(1) 0.01m，37.5m·s^{-1}；(2) 0.157m；(3) -8.08m·s^{-1}

10-21　(1) $y_i=A\cos\left(2\pi\nu t-\dfrac{2\pi\nu}{u}x-\dfrac{\pi}{2}\right)$，$0\leqslant x\leqslant\dfrac{3}{4}\lambda=\dfrac{3u}{4\nu}$；

　　　(2) $y_r=A\cos\left(2\pi\nu t+\dfrac{2\pi\nu}{u}x-\dfrac{\pi}{2}\right)$，$x\leqslant\dfrac{3}{4}\lambda=\dfrac{3u}{4\nu}$；波节在 P 点及距 P 点 $\lambda/2$ 处

第 12 章

12-1 $2n_2e+\dfrac{\lambda}{2}$

12-2 2.5λ

12-3 λ，$\dfrac{\lambda}{n}$

12-4 $4I_1$；0

12-5 （1）$\dfrac{\lambda}{4n}$；（2）$\dfrac{\lambda}{2n}$

12-6 （1）暗纹；（2）λ/n_2

12-7 （1）2.95×10^{-4}m；（2）3.93×10^{-3}m

12-8 7.59×10^{-6}m

12-9 $d=0.592\mu$m

12-10 $\lambda=590.3$nm

第 13 章

13-1 4个

13-2 $\dfrac{1}{2}$

13-3 3级

13-4 （1）6个半波带；（2）1级明纹

13-5 447nm

13-6 （1）4.5×10^{-3}m；（2）3.0×10^{-2}m

13-7 （1）6×10^{-6}m；（2）1.5×10^{-6}m；（3）略

第 14 章

14-1 $\dfrac{5}{32}I_0$

14-2 略

14-3 部分，部分，布儒斯特角，垂直于入射面

14-4 1：3

14-5 $\sqrt{3}$

14-6 $\dfrac{I_0}{4}$

14-7 $\dfrac{1}{8}I_0$

第 15 章

15-1～15-10 略

15-11 2.5×10^{-7}s，（93m,0,0）

15-12 -9.26×10^{-14}s

15-13 $\dfrac{L}{v_2}$

15-14 3.2m

15-15 0.866c

15-16 0.994c

15-17 c，$\arctan(c^2/v^2-1)^{1/2}$

15-18 5.77×10^{-6}s

第16章

16-1~16-8 略

16-9 4.35×10^{-3}nm，63°36′

16-10 略

16-11 10.24m

16-12 5800K

16-13 257nm

16-14 48.4

16-15 1.22×10^{-3}nm，−2.30×10^{16}Hz，−95.3eV

16-16 1.09×10^{15}Hz，0.603×10^{15}Hz；钡

16-17 5.74×10^{5}m·s^{-1}

参 考 文 献

［1］东南大学等七所工科院校. 物理学：下册 ［M］. 5 版. 北京：高等教育出版社，2006.

［2］东南大学等七所工科院校. 物理学：上册 ［M］. 4 版. 北京：高等教育出版社，1999.

［3］王亚民. 大学物理 ［M］. 西安：西北工业大学出版社，2011.

［4］方华为，薛霞. 大学物理：下册 ［M］. 武汉：华中师范大学出版社，2019.

［5］李甲科. 大学物理 ［M］. 西安：西安交通大学出版社，2008.

［6］胡盘新，汤毓骏. 普通物理学简明教程：上册 ［M］. 北京：高等教育出版社，2003.

［7］程守洙，江之永. 普通物理学：第 2 册 ［M］. 5 版. 北京：高等教育出版社，1998.

［8］张三慧. 大学物理学：热学、光学、量子物理 ［M］. 3 版. 北京：清华大学出版社，2011.

［9］赵近芳，王登龙. 大学物理：下册 ［M］. 5 版. 北京：北京邮电大学出版社，2017.

［10］陈晨，邵雅斌. 大学物理 ［M］. 北京：北京邮电大学出版社，2016.